经济管理实验实训系列教材

重庆地区综合地理野外实习教程

Course of Field Study for Comprehensive Geography in Chongqing

周心琴　李雪花　莫申国　编著

西南财经大学出版社
Southwestern University of Finance & Economics Press

经济管理实验实训系列教材
编 委 会

总 序

　　高等教育的任务是培养具有创新精神和实践能力的高级专门人才。实践出真知,实践是检验真理的唯一标准,也是知识的重要源泉。大学生的知识、能力、素养不仅来源于书本理论与老师的言传身教,更来源于实践感悟与体验。大学教育的各种实践教学环节对培养学生的实践能力和创新能力尤其重要,实践对大学生的成长来说至为关键。

　　我国高等教育从精英教育向大众化教育转变,客观上要求高校更加重视培养学生的实践能力。以往,各高校主要通过让学生到企事业单位和政府机关实习的方式来训练学生的实践能力。随着高校不断扩招,传统的实践教学模式受到学生人数多、实习岗位少、培养成本高等多重因素的影响,已无法满足实践教学的需要,学生的实践能力培养已得不到保障。有鉴于此,各高校开始探索通过校内实验教学和校内实训的方式来缓解上述矛盾,而实验教学也逐渐成为人才培养中不可替代的途径和手段。目前,大多数高校已经普遍认识到实验教学的重要性,认为理论教学和实验教学是培养学生能力和素质的两种同等重要的手段,二者相辅相成、相得益彰。

　　相对于理工类实验教学而言,经济管理类专业实验教学起步较晚,发展滞后。在实验课程体系、教学内容(实验项目)、教学方法、教学手段、实验教材等诸多方面,经济管理实验教学都尚在探索之中。要充分发挥实验教学在经济管理类专业人才培养中的作用,需要进一步深化实验教学研究和推进改革,加强实验教学基本建设。

　　重庆工商大学作为具有鲜明财经特色的高水平多学科大学,高度重视并积极探索经济管理实验教学建设与改革的路径。学校经济管理实验教学中心于2006年被评为"重庆市高校市级实验教学示范中心",2007年被评为"国家级实验教学示范中心建设单位"。经过多年的努力,我校经济管理实验教学改革取得了一系列成果,按照能力导向构建了包括学科基础实验课程、专业基础实验课程、专业综合实验课程、学科综合实验(实训)课程和创新创业课程五大层次的实验课程体系,真正体现了"实验教学与理论教学并重,实验教学相对独立"的教学理念。建立了形式多样、以过程为重心、以学生为中心、以能力为本位的实验教学方法和考核评价体系。努力做到实验教学与理论教学结合、模拟与实战结合、教学与科研结合、专业教育与创业教育结合、学校与企业结合、第一课堂与第二课堂结合,新创开放互动的经济管理实验教学模式。

　　为进一步加强实验教学建设,展示我校实验教学改革成果,由学校经济管理实验教学指导委员会统筹部署和安排，计划陆续出版"经济管理实验教学系列教材"。本套教材力求体现以下几个特点：

一、系统性。该系列教材将涵盖经济学、管理学等大多数学科专业的"五大层次"实验课程体系，有力支撑分层次、模块化的经济管理实验教学体系。

二、综合性。该系列教材将原来分散到若干门理论课程的课内实验项目整合成一门独立的实验课程，尽量做到知识的优化组合和综合应用。

三、实用性。该系列教材所体现的课程实验项目都经过反复推敲和遴选，尽量做到仿真，甚至全真。

感谢该系列教材的撰写者。该系列教材的作者具有丰富的实验教学经验和专业实践经历，个别作者甚至是来自相关行业和企业的实务专家。希望读者能从中受益。

毋庸讳言，编写经济管理实验教材是一项具有挑战性的开拓与尝试，加之实践本身还在不断地丰富与发展，因此本系列实验教材难免会存在一些不足之处，恳请同行和读者批评指正。我们希望本套系列教材能够推动我国经济管理实验教学的发展，能对培养具有创新精神和实践能力的高级专门人才尽一份绵薄之力！

重庆工商大学校长、教授、博士生导师

杨继绪

2011 年 5 月 10 日

前　言

重庆位于中国内陆西南部，长江上游，四川盆地东缘。西部为方山丘陵区，东部以中山地貌类型为主。地势从南北两面向长江河谷倾斜，起伏较大。境内喀斯特地貌分布范围广，溶洞、温泉、峡谷、关隘众多。作为我国最年轻的直辖市，重庆是长江上游地区现代制造业基地、经济和金融中心、内陆出口商品加工基地、国家统筹城乡综合配套改革试验区。因此，无论其自然地理、人文地理、经济地理、旅游地理、资源与环境评价、区域经济、地质灾害等各方面都具有丰富的综合地理教育资源，为地理野外实习提供了天然的课堂，也是科考旅游的理想天地。

本书共七章，第一、二章主要对地理野外综合考察的目的与要求、基本内容与方法进行概述。第三章对重庆的地质地貌、土壤植被、资源环境等方面进行介绍。在对区域地理综合实习背景分析的基础上，制定出北碚—合川实习路线、綦江—南川实习路线、巫山—奉节实习路线、黔江—武隆实习路线，以每条路线的实习任务、知识铺垫、实习内容和实习拓展四大主干内容构建成第四、五、六、七章的框架。在每条实习路线的设计上，除了将自然地理与人文地理的知识与方法相融合之外，还强调对学生学习主动性及创新能力的培养。如针对每个实习点都提出明确问题让学生在考察中解决，针对每条实习路线都罗列出综合性思考题以延伸和拓宽学生知识面。期望通过野外综合地理信息的采集与考察、处理和分析，以及实习报告的编写，学生系统掌握地理科学知识、基本工作方法和基本技能，全面地培养学生的科研意识和创新能力。与此同时，本书以综合地理野外实习的基本理论为指导，从宏观的区域概况逐渐细化到每一个实习点，具有较好的适用性和可操作性，既有利于教师安排指导，也有利于学生进行实习。

本书是重庆工商大学旅游与国土资源学院国土与城乡规划系全体教师多年教学的成果之一。在野外路线的考察和教材体系的构建中，得到了学院院长赵小鲁教授、副院长王宁教授、副院长周启刚博士的关心、支持和帮助，在全系老师的共同努力下，编写完此教材。本书主要编写者为周心琴、李雪花、莫申国。其中人文地理学的相关内容为周心琴编写；地质、地貌的相关内容为莫申国编写；气象、植被、土壤、水文等相关内容由李雪花编写。全书由周心琴统稿。本书的编写过程参考了众多文献、资料，已在参考文献中列出，其中难免有所遗漏，在此谨向所有参考资料作者表示衷心的感谢！本书由编委会委员骆东奇教授主审并给予许多宝贵的意见，在此表示诚挚的感谢！

限于编者的学识和经验，书中有遗漏、不当甚至错误之处，敬请专家和读者指正！

目 录

第一章 绪论

第一节 综合地理野外实习目的与意义

一、课堂理论教学的延续与深化

综合地理野外实习是地理课堂教学的继续。地理学是一门研究地球表层的科学，其研究客体对象的空间规模与地域性特点决定地理教学不能仅仅停留在室内，必须脚踏实地地去直接接触研究对象，亲自到野外去观察、去研究。即使当今社会 3S 技术［遥感技术（Remote Seusing，RS）、地理信息系统（Geography Information Systems，GIS）和全球定位系统（Global Positioning Systems，GPS）的统称］突飞猛进，仍然需要野外调查才能对这些海量的信息进行正确使用。地理教学如果缺乏野外观察与验证，学生对所学内容的理解便会肤浅甚至不准确。身处野外，亲自观察、体验，才能让学生所学知识和理论得到印证，并进一步丰富和扩大学生视野。

二、获取真实有效资料的必要步骤

传统地理教学实习大多偏重于分支学科知识的深入，侧重于某专题的考察与验证，多要素的综合考察常常力度不够，获取的资料往往难以达到对现象的科学阐释。地理野外综合实习将区域的自然与人文、资源与经济、问题与策略等各要素有机融合在一起，针对区域进行整体地、全面地、深入地考察和分析，可以有效解决这一问题。同时，在经历 20 世纪 70 年代至 80 年代的地理"计量革命"和 90 年代以计算机为核心的地理技术飞跃后，越来越多的学者已经意识到野外工作和野外实习是不能被遥感、地理信息系统和室内数学推算完全替代的，野外工作是发现、研究新问题的根本途径，是获取真实有效数据的必要步骤。

三、提高学生综合素质的重要途径

综合地理野外实习以自然环境为基础，以人地关系为线索，让学生去分析区域的地质地貌特征、发育及其对当地经济社会发展的影响，从而提高学生综合分析问题的能力，培养其可持续发展意识。同时，野外综合实习集观察能力、动手能力、协作能力、分析能力、表达能力、自我约束力及问题追踪能力于一体，加之野外实习跋山涉水、走街串巷，极大地增强了学生对现实社会的了解。虽然有舟车劳顿之苦，但学生有所收获，不仅是对知识体系的进一步充实，也是体能的锻炼、情谊的深化和体验自然之美的心路历程。

第二节　综合地理野外实习路线设计

一、设计原则

综合地理野外实习具体调查路线的设计一般是以景观类型的典型性、多样性与路线本身的高效性、安全性为原则。

第一，所选择的调查点和调查路线应尽可能地选择典型的、具有代表区域整体特征的地理综合体，并且路线在区域内的分布要均匀，这样才能对区域所包括的地理现象进行全面考察，进而较为准确地获悉它们相互排列的规律和相互依存的关系。点、线、面相结合是地理考察的基本方法。因此，在相对较大的空间尺度上，典型地区考察就是"点"的考察，而在相对较小的空间尺度上，点（典型地区）的考察也是一个区域考察，对各地理要素的观察也应按照一定的观测路线，选取有代表性的观测点进行考察。

第二，路线本身在有充分安全保障的情况下，应尽量避免重复观察、迂回观察，并且力图在较短的距离和时间内观察到较多和较全面的地理现象，路线观察效率的提高可以大大提升野外调查的整体效率。具体来讲，所有地理景观完好点、景观极限点、景观分界点、过渡或转折点，具有重要标志性意义的点以及可以和相关资料相匹配的点都应该被选为观察点。而将相关点串成的线，要能穿越若干自然地带和人文活动地区。因此对一些由于地理因素（如纬度、经度、海拔等）影响结果的现象调查，路线的大致方向应尽量与影响因素的变化梯度方向一致，对地势的各个基本要素（谷地、阶地、不同坡向的斜坡或者分水岭表面），路线应当横切而不应当沿着这些要素的延伸方向分布。在考察一般地理景观分布格局时，最好沿着不同景观的连线进行，这样调查路线最短并能考察所有的地理现象。当然现实情况往往很复杂，需要因地制宜对线路进行合理修正。

二、设计步骤

（一）室内设计

包括资料收集和路线预设计两步。通过查阅有关调查区域的素材，对调查区域的自然和人文景观进行初步了解，结合现有的地形图、土地利用类型图、遥感影像以及前人的成果等资料，在实习内容与目的的指导下，设计路线的初图。

（二）调研修正

进入实习区域，考察当地自然景观，了解各类地理景观的大致分布情况，并与当地居民进行访谈，获悉区域道路的实际通达程度、考察点场地大小及安全情况、当地特殊的风土人情等，然后对调研资料进行整理，对路线做出相应修订。

（三）实地完善

即使已经完成前两步的路线设计，在实地调查过程中，也会出现相当多未曾考虑的偶然因素，造成已有路线的执行障碍。这时不能轻易中断调查，需要根据实地情况，再次妥善修改已定路线。新路线与原定路线最好不要相差太大，并且能够承接已调查的路线和完成预期的考察任务。

综上所述，路线设计贯穿于野外调查的始末，在不断地探索中和修改中才能得出最优的路线。在具体实践中，要严格按照上述步骤进行，重视每一个环节，不能急于求成，否则就会影响调查路线的可行性和合理性，影响野外调查效果。

第三节　综合地理野外实习报告的编写与评价

综合地理野外实习由教师和学生共同来完成，其基本流程如图1.1所示：

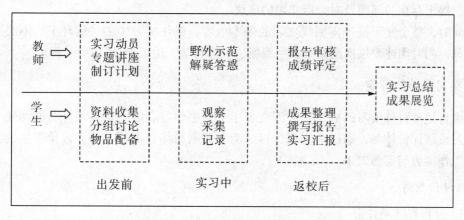

图 1.1　综合地理野外实习基本流程

一、实习资料的整理

（一）文字资料的梳理

实习收集的资料比较多，面对成堆的资料，第一步就是在初步阅读的基础上做适当筛选。筛选的主要目的在于去伪存真、由表及里，对野外记录进行梳理，将零散内容条理化，修改记录有误的地方，保留有参考价值的资料，删去一些冗余内容。根据资料的可靠性、正确性、权威性对资料进行筛选，对事实资料要求真实性、典型性、浓缩性。

（二）数据和图件的整理

对野外记录和收集到的文字资料加以整理，对野外测试的各项数据进行统计和分析，对考察中绘制的各种专业图件加以整理。实习中绘制的各种地貌图、地层剖面图、植物垂直分带图等需要加上图例、图示、绘制者等辅助信息，使其更加规范化。总之，要把在活动中取得的各种零散的材料系统化和条理化，为综合分析做好准备。

(三) 对标本 (样品) 进行处理和分析

由于野外工作时间和条件的限制，广大师生对获取的各项标本不可能进行精细的观察、处理和研究，需要在室内继续进行。对野外搜集的各种样品，也需在室内进一步清洗、化验、整理，选择性地进行保存。

二、实习报告的编写

综合地理野外实习报告一般分为四部分：

题目：报告主题，是文章的核心。

引言：实习目的、时间、人员、路线等基本内容。

正文：实习区域概况，实习基本过程，实习点观察内容，分析获取的资料、数据、得出的结论等。

总结：全面概要实习主要成果，提出实习过程中的新发现、新见解，归纳经验与教训，提出存在的问题及对今后实习的建议。

同时，整个实习报告需围绕实习的基本内容，抓住实习中的关键环节，不必要面面俱到。同时阐述要层次清晰、文字流畅、表述科学、论证充分、图标规范。

三、实习成绩的评定

综合地理野外实习的成绩评定围绕着学生自主学习和能力培养展开。教师建立野外实习成绩评价体系，通过对实习过程的动态监测与综合考核，全面评价学生的野外实习工作能力与实习效果。

(一) 评价原则

1. 过程与结果并重

关注过程可以帮助学生在实习过程中树立积极的学习态度、科学的探究精神，注重学生在实习过程中的亲身体验及价值观的形成。将关注过程的形成性评价与关注结果的总结性评价结合起来，促进学生全面发展。

2. 教师评价与学生自评相结合

无论野外实习时间长短，学生都会有许多心得体会、情感体验。让学生自我评价，提高了学生的主体地位，并给予更多自我反思、自我教育和自我发展的机会。教师对照实习任务和目标对学生进行及时评价，并把信息返回给学生，这样才能达到评价的真正目的：及时纠错、扬长避短。

3. 定性与定量相结合

实习中对学生的实习成果、标本数量、出勤情况等方面可以量化考核，学生的态度、表现、主动性、创造性等方面则宜用定性评价。这样才能尽可能做到评价的客观性和全面性。

4. 小组实习成绩与个人实习成绩相结合

野外实习一般都以小组形式展开活动，因此评价必须集小组成绩与个人成绩于一体，这可以使学生在小组内加强合作，提高自觉性和能动性。同时，自发形成的组间竞争也会促使学生自我约束，较好地完成实习任务。

（二）评价步骤

1. 过程评价

在实习过程中，教师要深入学生中间进行现场检查与情景测验。一方面对学生进行引导和帮助，另一方面时刻注意学生在实习中的表现。教师根据平常对学生的现场检查情况及学生的实习态度和表现，所学知识与技能的应用，获取信息及处理信息的能力、发现问题、分析问题及解决问题的能力等给予学生及时的评价和反馈。同时，可在每小组随机抽取 1~2 名同学进行情景测验。考察学生对实习内容掌握的情况，以便及时把握和调整实习进度，对实习过程进行调控。

2. 成果评价

（1）实习总结报告评价。实习总结报告由学生撰写，学生对实习中的收获、心得体会以及在实习中的不足进行自我评价和反思，并向老师和全体同学汇报，以达到相互交流、相互学习和相互促进的目的。

（2）实习技术成果检验、验收，学生按实习任务要求提交实习技术成果。实习指导教师对成果进行检查，全面了解学生的实践技能以及对基础知识、基础理论的掌握情况是否达到实习要求。

（3）实习答辩。答辩小组教师根据学生回答问题的正确性、完整性、严密性、反应速度、表达能力以及基本概念的清晰程度等给予打分评价。

3. 成绩评价

实习成绩宜采用优、良、中、及格、不及格五个等级。指导教师根据学生的表现及实习成果的评定，对每一项指标进行打分，评定出实习小组与个人的实习等级：优秀（90~100 分）、良好（80~89 分）、中等（70~79 分）、及格（60~69 分）、不及格（60 分以下）。同时要求，若实习小组成绩在中等以下的，该小组成员成绩不能为优秀。

具体评价体系和评分标准见表 1.1、表 1.2。

表 1.1　　　　　　　　　综合地理野外实习评价体系

评价内容	评价目标		
	专业基础理论	专业基本技能	综合素质与能力
实习小组工作计划、区域自然地理环境报告、区域主要人文要素报告、区域自然灾害调查报告、区域地貌类型图、区域土地利用图、地形剖面图、调查访问记录、气象要素观测记录、典型景观素描图、野外实习随机检查、实习小组长汇报、实习小组成果汇报等。	地质地貌、土壤、气候气象、生物地理、灾害地理、城市地理、综合自然地理、区域地学等地理学科的基本理论。	小组野外实习方案设计能力、仪器操作能力、调查访问的基本方法与技巧、野外观测能力、地图的填绘能力、计算机及现代网络技术等。	社会交际与沟通能力、组织协调能力、团队合作能力、信息处理能力、语言表达能力、逻辑思维能力、心理承受能力、突发事件应对能力等。

表 1.2　　　　　　　　　综合地理野外实习评价评分标准

	评价指标	分值
过程评价（50%）	实习态度端正，表现出良好的意志品质	5
	有良好的团结协作意识	5
	能将所学地理知识、技能应用到实践当中	10
	动手能力、实践操作能力强	10
	获取、处理地理信息能力强，有创新意识	10
	有较强的发现问题、分析问题、解决问题的能力	10
成果评价（50%）	实习总结评价	10
	实习技术成果评价	30
	实习汇报	10

第四节　野外实习的注意事项

一、出发前的准备

（一）文献资料查阅

一般的文献检索包含了对公共信息源的检索和对专业信息源的检索。公共信息源一般主要有因特网、书店等。利用因特网的通用搜索引擎可以获得足够的公共信息，这种初步查找可以作为文献检索的第一步。专业信息的检索需要借助专门的信息索引平台，图书馆是其代表。图书馆提供了大量的馆藏电子资源以及专业数据库的链接，可以根据需要进行查找、阅读和下载。值得注意的是，文献资料查阅要查找最新的文献。收集资料时，首先查找最近的 8~10 种参考资料。一是它们反映了最新的动态；二是可以在参考文献中顺藤摸瓜找到最有价值的资料，获取大量有效信息，提高资料收集的效率。

（二）野外实习器材准备

野外作业都有其户外作业的共同性，因此需要一些基础性的装备。高校野外实习通常是以班集体为单位开展教学，因此野外实习装备也分为集体共享装备和个人装备，其中绝大多数是共同的装备，例如定位、测量设备。学生出发前在指导教师安排下领取相关器材，如罗盘、地质锤、放大镜、温度计、湿度计、GPS、测量绳等。大多数学生在室内已经了解甚至掌握了野外设备的使用方法，但户外实践与室内操作常常存在一定差距，许多仪器设备说明书并未一一罗列，因此需要在实践中不断摸索积累使用仪器的经验。

除此之外，还需准备野外考察相关区域的文字资料、交通图、地形图、工作手册等，以及照相机、摄像机、录像带、望远镜、笔、尺、记录本、标签、502 胶、包装纸等。

二、野外实地考察要求

(一) 基本要求

1. 实习过程中学生要多看、多听、多问、多思考，理论联系实际，沿途做好第一手资料的收集与记录，包括资料和数据调查、景观拍摄、感想心得等各个方面，便于野外实习结束之后进行分析和总结。

2. 实习分组进行，组长负责队员的所有行动并与指导教师沟通。实习过程中同学之间互相学习，积极探讨，相互关心、帮助，共同完成实习任务。

3. 野外实习必须听从指导教师的安排，遵守实习目的地的规章制度，不私自行动，不与他人发生矛盾和冲突，安全、文明、顺利地完成每个考察点的学习任务。学生必须严格管理自己，防止交通事故，注意自身安全。必须有严格的时间观念，按时作息，不迟到、不早退。外出应请假，并留下书面请假材料写明情况。

(二) 具体要求

1. 食品

集体食品要根据地点和时间进行安排。提前一天购买集体食品，尤其要保证食品的安全、新鲜。如果在外就餐，要提前与实习地点联系，使学生饮食得到有效保证。个人最好有备用食品，当在野外活动中遇到大雨、狂风等恶劣天气且不能按时就餐时，备用食品就会发挥出重要作用。一般情况下选择高能量、轻、不宜变质、可长期保存的食品，如巧克力、压缩饼干、糖类、真空包装的牛肉干、咸菜等。

2. 衣物

出行前注意天气预报，根据气温选择衣物。寒冷天气带厚衣物，酷暑天气则带易吸汗的防晒衣服，必要时带上雨具或雨衣。野外不可穿紧身衣服，代之以宽松、合体的运动服或休闲装。野外实习不要穿新鞋、露趾鞋、高跟鞋，最好选择鞋底是硬橡胶、厚实、鞋帮高、不易渗水且防滑的鞋。若在景区实习，道路相对平坦，普通运动鞋或旅游鞋即可。夏天可穿长袖衫和长裤，既可以防蚊蚁，又可防树枝划伤，必要时还可以扎紧袖口和裤口。鞋袜一定要舒适、合脚。袜子要有备用，夏天要穿吸汗的棉袜，冬天要穿保暖的袜子，根据天气穿雨鞋或雪鞋、戴手套。户外戴帽子可以遮阳，减少紫外线伤害，尤其在密林和工厂考察时可以帮助女同学保护长发，减少安全隐患。同时，在野外大家戴相同的帽子，还可以作为队伍的标志。

3. 药品

个人携带常用药品。班级生活委员随身携带药箱，对可能出现的症状早做准备，防患于未然。一般短期活动可能出现划伤、扭伤、中暑、蚊虫叮咬、肠胃不适、感冒、发烧等问题，带上外伤类药物，如棉签、红药水、酒精、纱布、止血带、创可贴、云南白药等。肠胃药多是胃舒宁、氟哌酸、黄连素等。感冒药有银翘片、速效感冒胶囊等，其他如清凉油、人丹、藿香正气水、晕车药等。

4. 通信联络设备

野外活动中可能会出现队员迷路、掉队、落单等情况。为了便于联络，携带手机，可在出发前给每位队员发一份通讯录。

5. 其他装备及证件

集体还需要带摄像机、铁锹、标本夹、拉绳等物品，个人还需带上洗漱用品、太阳镜、水杯、卫生纸等日常生活用品。根据实习计划，准备适量的生活费用，但不要携带大量现金。为了方便出行、住宿，必须携带身份证和学生证。同时，为了能更好地掌握所学知识、技能，建议以小组为单位配备必要的参考书籍。

第二章 综合地理野外实习的基本方法

第一节 地质野外实习的基本方法

一、常见矿物的肉眼鉴定方法

（一）形态

矿物具有一定的化学成分和结晶构造，可形成具有一定外形的几何多面体，成为晶体。各种矿物都有其独特的晶体形态，这是鉴别矿物的重要依据之一。常见矿物单体晶形可分为三种类型，如表 2.1 所示。

表 2.1　　　　　　　　　　　　　单晶形态

一向延长型		二向延长型		三向延长型
柱状	纤维状	片状	板状	粒状
石英、角闪石等	石棉等	云母、石墨等	钾长石、重晶石等	黄铁矿、方铅矿等

自然界的地质条件较为复杂，呈完好晶形以单体产出的矿物较少。绝大多数矿物都以多个单体聚合在一起产出，同种矿物的许多个单体聚合在一起形成的整体称为矿物集合体。根据其中矿物颗粒大小可分为两类：肉眼或放大镜可辨认矿物颗粒界限的显晶集合体与只能在显微镜下辨认矿物单体的隐晶集合体，常见类型见表 2.2。

表 2.2　　　　　　　　　　　　　集合体形态

显晶集合体					隐晶集合体			
晶族	粒状	柱状	纤维状	片状	结核状	鲕状、豆状或肾状	钟乳状	土状
石英、黄石	石榴子石、黄铁矿	电气石、红柱石	石膏、石棉	云母、镜铁矿	钙质结核、黄铁矿结核	赤铁矿	方解石、孔雀石	高岭土、伊利石

显晶集合体形态多取决于矿物单体的形态和它们的集合方式：如柱状和针状集合体是柱状单体的不规则聚合体；纤维状集合体由针状单体平行密集排列而成；放射状集合体是柱状或针状单体，少数成分为片状单体，以一点为中心向外呈放射状排列而成；片状或板状集合体是片状或板状单体的不规则聚合体；粒状集合体是三向等长的

单体的不规则聚合体；最典型且最常见的聚合体是石英的晶簇状集合体。

隐晶集合体是用放大镜看不见单体界限的集合体，按其紧密程度可分为致密状和疏松块状（土状）。

非晶质矿物没有一定的晶形，故主要根据外表形态或成因分类确认。分泌体（岩石中形状不规则或球形的空洞被胶体等物质逐层自外向内充填而成）大多具有同心层状，大者（d＞1cm）称晶腺，小者（d＜1cm）称杏仁体。鲕状和豆状集合体是由许多球粒结核彼此胶结而成的集合体，球粒小如鱼卵者称鲕状，大如豆粒者称为豆状。此外，还有钟乳状、葡萄状、肾状集合体等。当非晶体矿物质的集合体无一定外形，但较致密时称块状集合体，呈松散粉末状时称粉末状集合体。

（二）光学性质

矿物的光学性质主要包括颜色、条痕、光泽和透明度。它是由矿物对可见光的吸收、反射和透射等程度不同所致，与矿物质的化学成分和晶体结构密切相关。

1. 颜色

矿物本身固有的颜色称自色，它与矿物本身的化学成分和内部结构有关，对鉴定矿物有重要意义，如方铅矿为铅灰色。矿物因含有杂质或气泡等引起的颜色称他色，如石英纯净时无色，杂质的混入可将石英染成紫、蓝、烟灰等色。此外，矿物还因表面氧化等缘故产生假色，如黄铁矿新鲜面为浅铜黄色，表面氧化后呈褐黄色。在观察和描述矿物颜色时应以新鲜面颜色为准。

2. 条痕

条痕色是矿物粉末的颜色，通常用矿物在毛瓷板上刻划来观察。透明矿物的粉末因可见光全反射而呈白色或无色，不透明的金属矿物的条痕比较固定，它代表了矿物的自身颜色，可做鉴定矿物的参考。条痕色可以和矿物自色一致，也可以不一致。条痕色消除了假色的干扰，减轻了他色的影响，显示出了自色，因为它比矿物颜色更稳定，更有鉴定意义。如块状赤铁矿可以呈铁黑色，也可以呈红褐色，但条痕色都是樱红色。

3. 光泽

光泽是矿物表面对可见光的反射、折射或吸收能力的反映。矿物的光泽与组成矿物的离子类型、原子量和键性有关，也与矿物表面的光滑程度有关。按光泽的强弱可分为玻璃光泽、金刚光泽、半金属光泽和金属光泽四个等级。

玻璃光泽：矿物反射光能力很弱，和平板玻璃相仿。

金刚光泽：矿物反射光能力弱，如金刚石。

半金属光泽：矿物反射光能力较弱，似未经磨光的金属表面，如赤铁矿。

金属光泽：矿物反射光能力强，似金属磨光面，如方铅矿、黄铁矿等。

其中，金刚光泽和玻璃光泽合称非金属光泽，常出现一些特殊光泽，如油脂光泽（如石英断面）、树脂光泽（如浅色闪锌岩）、丝绢光泽（如纤维石膏）、珍珠光泽（如云母）、土状光泽（如高岭石）。

4. 透明度

透明度是指光线透过矿物的程度，通常是在厚度为 0.03mm 薄片的条件下，根据矿物透明的程度，分为透明、半透明和不透明三个等级。它与矿物吸收可见光的能力有关，并取决于晶体中的阳离子类型和键性。一般具玻璃光泽的矿物均为透明矿物，呈金属或半金属光泽的为不透明矿物，具有金刚光泽的则为透明或半透明矿物。

（三）力学性质

矿物的力学性质包括解理、断口、硬度等，它是矿物受到外力作用后的反映。

1. 解理和断口

矿物晶体或晶粒受外力作用后，沿着一定的结晶学平面破裂的固有特征称为解理。矿物受力后在任一方向裂开成凹凸不平的断面，称断口。解理由晶体矿物内部结构所决定，只有当单个晶体颗粒较大时，肉眼才能看到，一般在标本上如果见到晶粒的断裂面为闪光的小平面，即为解理面。根据解理出现的难易程度及解理面的大小、光滑程度，可将解理分为五级：极完全解理、完全解理、中等解理、不完全解理和极不完全解理。

矿物的解理与断口出现的难易程度互为消长，因而具有极完全解理和多组完全解理的矿物表面往往很难见到断口，多数矿物则是沿某一固定方向的解理与沿任意方向的断口同时出现。

2. 硬度

硬度是矿物抵抗外来机械作用（如刻划、压入或研磨等）的能力。在鉴定矿物时常引用相对硬度，一般用十种矿物为标准，将要鉴定的矿物与其相互刻划来比较确定。这十种矿物按其硬度从小到大依次为滑石、石膏、方解石、萤石、磷灰石、正长石、石英、黄玉、刚玉、金刚石，它们并称为十级摩氏硬度（见表2.3）。在野外鉴定矿物的硬度通常是用小刀（硬度为 5~5.5）、玻璃（硬度为 5.5）和指甲（硬度为 2~2.5）作为辅助标准，粗略地定出矿物的摩氏硬度。也可以用其他已知硬度的矿物相互刻划来鉴定（见附表1）。

表2.3　　　　　　　　　　　　　　摩氏标准硬度表

硬度级别	1	2	3	4	5	6	7	8	9	10
矿物名称	滑石	石膏	方解石	萤石	磷灰石	正长石	石英	黄玉	刚玉	金刚石

（四）几种常见矿物的鉴定特征

（1）石墨（C）：常为鳞片状集合体，有时为块状或土状。颜色与条痕均为黑色，可污手，半金属光泽。有一组极好解理，易劈开呈薄片。硬度为 1~2，指甲可刻划，有滑感，相对密度为2.2。

（2）石英（SiO_2）：常发育成单晶并形成晶簇，也有呈致密块状或粒状集合体。纯净的石英无色透明，称为水晶。石英因含杂质可呈现各种色调。如含铁呈紫色，称为紫水晶；含有细小分散的气态或液态物质呈乳白色，称为乳石英。石英晶面呈玻璃光泽，断面呈油脂光泽，无解理，硬度为7。贝壳状断口，相对密度2.65。

（3）萤石：常形成块状、粒状集合体或立方体及八面体单晶。颜色多样，有紫红、蓝、绿和无色等。透明，玻璃光泽，硬度为4，解理好，易沿解理面破裂成八面体小块，相对密度为3.18。

（4）方解石：常发育成单晶或晶簇、粒状、块状、纤维状及钟乳状等集合体。纯净的方解石无色透明。因杂质渗入而常呈白、灰、黄、浅红、绿、蓝等色。玻璃光泽，硬度3，解理好，易沿解理面分裂成棱面体，相对密度为2.72，遇冷稀盐酸会放出CO_2而强烈起泡。

（5）白云石：单晶为棱面体，通常为块状或粒状集合体。一般为白色，因含铁常呈褐色，玻璃光泽，硬度为3.5～4，解理好，相对密度为2.86，含铁高者可达2.9～3.1。白云石以在冷稀盐酸中反应微弱以及硬度稍大与方解石相区别。

（6）石膏：单晶体常为板状，集合体为块状、粒状及纤维状等，无色或白色，有时透明，玻璃光泽，纤维状石膏为丝绢光泽，硬度为2，有极好解理，易沿解理面劈开成薄片。相对密度为2.3～2.37，石膏中透明且呈月白色反光者称透明石膏，纤维状者称纤维石膏，细粒状者称雪花石膏。

（7）白云母：单晶体为短柱状及板状，横切面常为六边形。集合体为鳞片状，其中晶体细微者称为绢云母，薄片为无色透明，具珍珠光泽，硬度为2.5～3，有平行片状方向的极好解理，易撕成薄片，具有弹性，相对密度为2.77～2.88。

（8）黑云母：单晶体为短柱状、板状，横切面常为六边形，集合体为鳞片状，棕褐色或黑色，随含铁量增高而变暗。其他光学与力学性质与白云母相似，相对密度为2.7～3.3。

二、岩石分类及鉴别特征

（一）三大岩石主要特征区别

岩石是由一种或多种矿物以及岩屑组成的集合体。按照岩石的成因分为三大类：岩浆岩、沉积岩和变质岩。常见三大类岩石以其固有的特点相互区别，如表2.4所示。

表2.4　　　　　　　　　岩浆岩、沉积岩、变质岩的主要区别

	岩浆岩	沉积岩	变质岩
矿物成分	均为原生矿物，成分复杂，常见的有石英、长石、角闪石、辉石、橄榄石、黑云母等矿物成分。	除石英、长石、白云母等原生矿物外，次生矿物占相当数量，如方解石、白云石、高岭石、海绿石等。	除具有原岩的矿物成分外，尚有典型的变质矿物，如绢云母、石榴子石等。
结构	以粒状结晶、斑状结构为其特征，隐晶质和玻璃质。	以碎屑、泥质及生物碎屑、化学结构为其特征，多泥质结构。	重结晶，以变晶、变余、压碎结构为其特征；变晶结构：粒状、斑状、鳞片状。
构造	具流纹、气孔、杏仁、块状构造。	多具层理构造，有些含生物化石。	具片理、片麻理、块状等构造。

表2.4(续)

	岩浆岩	沉积岩	变质岩
产状	多数以侵入体出现,少数为喷发岩,呈不规则状。	有规律的层理构造:水平层理、斜层理、交错层理、生物化石。	多具片理构造:片麻状、条带状、片状、千枚状、板状;部分块状构造。
分布	花岗岩、玄武岩分布最广。	黏土岩分布最广,其次是砂岩、石灰岩。	区域变质岩分布最广,其次为接触变质岩和动力变质岩。

(二)肉眼鉴定步骤

肉眼对岩石进行分类和鉴定,除了在野外要充分考虑其产状特征外,最关键的是要抓住其结构、构造、矿物组成等特征。具体步骤如下:

1. 观察岩石的构造

岩石的外表构造可反映它的成因类型:如具气孔、杏仁、流纹构造形态时一般属于岩浆岩中的喷出岩类;具层理构造以及层面构造时是沉积岩类;具板状、千枚状、片状或片麻状构造时则属于变质岩类。岩浆岩和变质岩中都有块状构造。如岩浆岩中的石英斑岩标本和变质岩中的石英岩标本表面上很难区分,这时应结合岩石的结构特征和矿物成分的观察进行分析:石英斑岩具岩浆岩的似斑状结构,其斑晶与石基矿物间结晶联结,石英斑岩中的石英斑晶具有一定的结晶外形,呈棱柱状或粒状;经过重结晶变质作用形成的石英岩则往往呈致密状,肉眼分辨不出石英颗粒,且石质坚硬、性脆。

通过对岩石结构的深入观察可对岩石进行进一步的分类。如岩浆岩中深成侵入岩类多呈全晶质、显晶质、等粒结构;而浅成侵入岩类则常呈斑状结晶结构。沉积岩中根据组成物质颗粒的大小、成分、联结方式可区分出碎屑岩、黏土岩、生物化学岩(如砾岩、砂岩、页岩、石灰岩等)。

2. 岩石的矿物组成和化学成分分析

岩石的矿物组成和化学成分分析对岩石的分类和定名是不可缺少的,特别是对岩浆岩定名,如斑岩和玢岩同属岩浆岩的浅成岩类,其主要区别在于矿物成分。斑岩中的斑晶矿物主要是正长石和石英,玢岩中的斑晶矿物主要是斜长石和暗色矿物(如角闪石、辉石等)。沉积岩中的次生矿物如方解石、白云石、高岭石、石膏、褐铁矿等不可能存在新鲜的岩浆岩中。绢云母、绿泥石、滑石、石棉、石榴子石等则为变质岩所特有。因此,根据某些变质矿物成分的分析,就可初步判定岩石的类别。

3. 岩石的定名

如果由多种矿物组成,则以含量最多的矿物与岩石的基本名称紧密相连,其他较次要的矿物按含量多少依次向左排列,如"角闪斜长片麻岩",说明其矿物成分是以斜长石为主,并有相当数量的角闪石,其他岩浆岩、沉积岩的多元定名涵义也是如此。

最后应注意的是在肉眼鉴定岩石标本时,常有许多矿物成分难以辨认,如具隐晶质结构或玻璃质结构的岩浆岩,泥质或化学结构的沉积岩以及部分变质岩,都由结晶细微或非结晶的物质成分组成，一般只能根据颜色的深浅、坚硬性、比重的大小和盐酸反应进行初步判断。岩浆岩中深色成分为主的常为基性岩类，浅色成分为主的常为酸性岩类。沉积岩中较为坚硬的多为硅质胶结或硅质成分的岩石，比重大的多为含铁、锰质量大的岩石，有盐酸反应的一定是碳酸盐类岩石等。

（三）常见岩石特征

1. 岩浆岩类

（1）玄武岩：基性火山岩，颜色较深，多为黑色，主要矿物是富钙单斜辉石和基性斜长石，次要矿物是橄榄石、辉石等，通常呈细粒至隐晶质或玻璃质结构，少数为中粒结构。常含有橄榄石、辉石和斜长石石斑晶，构成斑状结构。玄武岩构造与其固有环境有关，陆上形成的玄武岩常呈绳状构造、块状构造和柱状节理；水下形成的玄武岩常具有枕状构造。气孔构造、杏仁构造可出现在各种玄武岩中。

（2）流纹岩：酸性喷出岩，一般呈绛红、肉红、灰黄等色，多见流纹构造，常具有斑状结构，斑晶主要是石英和透长石。

（3）辉长石：暗色的深成基性岩，主要矿物成分为辉石和斜长石，两者含量接近，次要矿物为橄榄石、角闪石、黑云母等，具有辉长石结构、次辉绿结构，块状构造，部分具层状构造。

（4）花岗岩：酸性深成岩，肉红色至浅灰色，以长石、石英浅色矿物为主，石英含量为20%~50%，长石含量一般为60%~70%。暗色矿物主要为黑云母，有时伴有白云母、普通角闪石或（和）辉石。块状构造常呈半自形等粒结构，其中暗色矿物具有较完整的晶形，长石常具有部分的晶形。按平均粒径可有细粒、中粒和粗粒之分，有时呈斑状结构，斑晶主要为长石和石英，称为斑状花岗岩。

2. 沉积岩类

（1）砾岩：直径大于2mm的颗粒占碎屑30%以上的碎屑岩，若颗粒未经流水改造，棱角分明，则为角砾岩。

（2）砂岩：主要颗粒直径在0.0625~2mm之间，肉眼可以清楚识别，根据颗粒大小可将砂岩分为粗粒砂岩（0.5~2mm）、中粒砂岩（0.25~0.5mm）、细粒砂岩（0.125~0.25mm）。砂岩由碎屑和填隙物组成。

（3）泥岩：粒径小于0.0039mm的细碎屑含量大于50%，并含有大量黏土矿物的沉积岩，又称黏土岩。

（4）页岩：具纹理或页理的泥质岩，成分以伊利石为主，此外常含有其他黏土矿物和一些碎屑矿物及某些自生矿物。按混入物的化学成分可划分为钙质泥岩、钙质页岩、铁质页岩、硅质页岩、碳质页岩和油页岩。页岩的主要特点是层理发育，这种沉积构造代表一种静水沉积环境。

（5）灰岩：主要由方解石组成的碳酸盐岩。其最大特征就是具有化学或生物结构，包括致密结构（泥晶结构）、晶粒结构、粒屑结构（鲕状结构、内碎屑结构等）、生物碎屑结构、生物骨架结构等。构造除具有沉积岩共有的构造类型外，还包括生物成因构造和其他特殊构造，如叠层构造、鸟眼构造、缝合线等。遇酸起泡是灰岩最常用的鉴定手段。

（6）白云岩：白云石为主要成分的碳酸盐。其结构构造特征与灰岩极为相似，在野外难以用肉眼区别。一般来说，白云岩质地相对脆硬，风化表面往往发育刀砍纹，但这只是经验性判断，遇酸缓慢起泡才是与灰岩的主要差异。

3. 变质岩类

（1）板岩：岩性致密、板状劈理发育、能裂开呈薄板的低级变质岩。组成板岩的矿物质颗粒很细，难以用肉眼鉴别。原岩成分没有明显的重结晶现象，新生矿物很少，以隐晶质为主，常有变余结构和变余层理构造，有时有斑点构造。板岩裂开的方向与原岩层理无关，而与它们受应力作用的方向有关。板岩可根据颜色或所含杂质进一步划分，如碳质板岩、钙质板岩、黑色板岩等。

（2）片岩：完全重结晶，具有片状构造的变质岩。片理主要由片状或柱状矿物（云母、绿泥石、滑石、角闪石等）呈定向排列构成。

（3）大理岩：主要由方解石、白云石等碳酸盐类矿物组成的变质岩。一般具有典型的粒状变晶结构，粒度一般为中粒、细粒，有时粗粒。岩石中的方解石和白云石颗粒之间呈紧密镶嵌结构，构造多为块状构造，有时具有大小不等的条带、条纹、斑状或斑点等构造。大理岩除纯白色外，还有浅灰、浅红、浅黄、绿色、褐色、黑色等，产生不同颜色和花纹的主要原因是大理岩中含有少量的有色矿物和杂质，如含锰方解石组成的大理岩为粉红色，大理岩中含有石墨为灰色，含绿泥石、阳起石和透辉石为绿色，含云母和硅镁石为黄色等（见附表2）。

三、地质罗盘的结构及使用

（一）地质罗盘的结构

1. 磁针

磁针用铜丝缠绕一端，始终指向南地磁极，另一端始终指向北地磁极。一般为中间宽两边尖的菱形钢针，安装在底盘中央的顶针上，可自由转动，不用时应旋紧制动螺丝，将磁针抬起压在盖玻璃上，以保护顶针尖，延长罗盘使用时间。在进行测量时放松固动螺丝，使磁针自由摆动，最后静止时磁针指向就是磁针子午线方向。

2. 水平刻度盘

水平刻度盘用来测方位角或象限角度数。刻度从0°开始按逆时针方向每10°一记，连续刻至360°，0°和180°分别为N和S，90°和270°分别为E和W，利用它可以直接测得地面两点间直线的磁方位角。

3. 竖直刻度盘

专用来读倾角和坡角读数，以E或W位置为0°，以S或N为90°，每隔10°标记相应数字。

4. 测斜指针

测斜器的重要组成部分，悬挂在磁针的轴下方，通过底盘处的觇板手可使测斜指针转动，测斜指针中央的尖端所指刻度即为倾角或坡角的度数。

5. 水准器

通常有两个，分别装在圆形玻璃管中，圆形水准器固定在底盘上，长方形水准器固定在测斜仪上。

6. 瞄准器

包括接物和接目觇板，反光镜中间有细线，下部有透明小孔，使眼睛—细线—目的物三者成一线，作瞄准之用。

在使用前必须进行磁偏角的校正。因为地磁的南、北两极与地理上的南、北两极位置不完全相符，即磁子午线与地理子午线不相重合，地球上任一点的磁北方向与该点的正北方向不一致，这两方向间的夹角叫磁偏角。地球上某点磁针北端偏于正北方向的东边叫做东偏，偏于西边称西偏。东偏为"＋"西偏为"－"。地球上各地的磁偏角都按期计算，公布以备查用。若某点的磁偏角已知，则一测线的磁方位角 A 磁和正北方位角 A 的关系为 A 等于 A 磁加磁偏角。应用这一原理可进行磁偏角的校正，校正时可旋动罗盘的刻度螺旋，使水平刻度盘向左或向右转动（磁偏角东偏则向右，西偏则向左），使罗盘底盘南北刻度线与水平刻度盘 0～180°连线间夹角等于磁偏角。

经校正后测量时的读数就为真方位角。

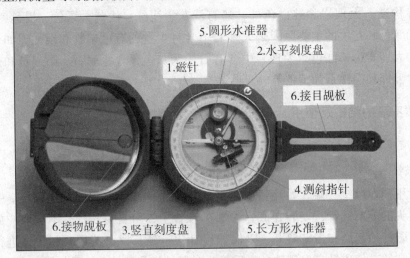

图 2.1　地质罗盘的结构

（二）地质罗盘的使用方法

1. 测方位

测量某物体的方位是野外地质工作者应具备的最基本技能。在定点时，首先测量观察点位于某地形或地物的方位。测量时打开罗盘盖，放松制动螺丝，让磁针自由转动。当被测量的物体较高大时，把罗盘放在胸前，罗盘的长瞄准器对准被测物体，然后转动反光镜，使物体及长瞄准器都映入反光镜，并且使物体、长瞄准器上的短瞄准器的尖及反光镜的中线位于一条直线上，同时保持罗盘水平（圆水准器的气泡居中），当磁针停止摆动时，即可直接读出磁针所指圆刻度盘上的读数，也可按下制动螺丝再读数。

2. 测量岩层产状要素

岩层产状要素包括岩层的走向、倾向和倾角。岩层走向是岩层层面与水平面交线的延伸方向。岩层倾向是岩层面上的倾斜线在水平面上的投影所指方向。倾角是倾斜线与水平面的夹角。

测量岩层走向时，将罗盘的长边（与罗盘上标有 N－S 相平行的边）的一条棱与层面紧贴，见图 2.2。然后缓慢转动罗盘（在转动过程中，罗盘紧靠层面的那条棱不能离开层面），使圆水准器的气泡居中，磁针停止摆动，这时读出磁针所指的读数即为岩层的走向。读磁北针或磁南针都可以，因为岩层走向是朝两个方向延伸的，相差 180°。

测量岩层的倾向时，罗盘如图 2.2 放置，将罗盘南端（标有 S）的一条棱紧靠岩层面，这时长瞄准器指向与岩层的倾向一致，并转动罗盘，转动方法及原则同上。当罗盘水平、磁针不摆动时，就可读数。如图 2.2 放置罗盘，应读磁北针所指的读数。当测量完倾向后，不要让罗盘离开岩层面，马上把罗盘转 90°，罗盘直立放置，使罗盘的长边紧靠岩层面，并与倾斜线重合，然后转动罗盘底面的手把，使测斜器上的水准器（长水准器）气泡居中，这时测斜器上的游标所指半圆刻度盘的读数即为倾角。

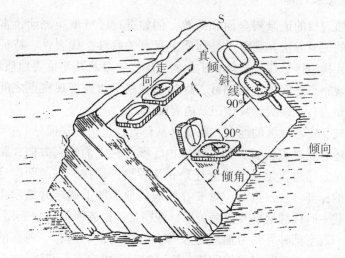

图 2.2　岩层产状的测定方法

在测量地层产状时，一般只需测量地层的倾向和倾角，而走向可通过倾向的数字加或减 90°得到。测量倾向和倾角时，必须先测倾向，后测倾角。

若被测量的岩层表面凹凸不平，可把记录本平放在岩层面上当作层面，以便提高测量的准确性和代表性。如果岩层出露很不完整，这时要找岩层的断面，找到属于同一层面的三个点（一般在两个相交的断面易找到），再用记录本把这三个点连成一平面（相当于岩层面），测量记录本的平面即可。

岩层产状的记录方式通常采用方位角记录方式，如果测量出某一岩层走向为 310°，倾向为 220°，倾角 35°，则记录为 NW310°/SW∠35°或 310°/SW∠35°或 220°∠35°。

野外测量岩层产状时需要在岩层露头测量，不能在转石（滚石）上测量，因此要区分露头和滚石。区别露头和滚石主要在于多观察和追索并要善于判断。

四、野外地质记录的内容、格式和要求

进行野外地质观察必须做好记录，地质记录是最宝贵的原始资料，是进行综合分析和进一步研究的基础，也是地质工作成果的表现之一。

(一) 野外地质记录要求

进行野外地质观察必须做好记录，客观地反映实际情况，即看到什么记什么，不能凭主观随意夸大、缩小或歪曲。但是，允许在记录上表示出作者对地质现象的分析、判断，这有助于提高观察的预见性，促进对问题认识的深化。记录清晰、美观，文字通达，是衡量记录合格的一个标准。最好图文并茂，图是表达地质现象的重要手段，许多现象仅用文字难以阐述清楚，必须辅以插图。尤其是一些重要的地质现象，包括原生沉积的构造、结构、断层、褶皱、节理等构造变形特征，原生构造、地层、岩体及其相互的接触关系、矿化特征，以及其他内、外动力地质现象，要尽可能地以绘图表示，好的图件价值大大超过单纯的文字记录。

(二) 野外地质记录内容

综合性地质观察的记录要全面和系统，例如进行区域地质测绘，常采用观察点与观察线相结合的记录方法。观察点是地质上具有关联性、代表性、特征性的地点，如地层的变化处、构造接触线、岩体和矿化的出现位置以及其他重要地质现象所在位置。观察线是连接观察点之间的连续路线，即沿途观察，达到将观察点之间的情况联系起来的目的。观察点、观察线的具体记录内容如下：

日期、天气、实习地区的地名、路线（从何处经过何处到何处），观察点编号要写具体、清楚。还有观察点位置，如在哪座山、哪个村庄的什么方向，距离是多少，是位于大道旁还是公路边，是在山坡上还是在沟谷里，是在河谷的凹岸还是凸岸等，同时记录观察点的标高。观察点的位置要在相应的地形图上确定并标示出来。说明观察目的，如观察某一时代的地层及接触关系，观察某种构造现象（如断层、褶皱），观察岩浆岩的特征，观察某种外动力地质现象等。具体观察的内容、观察的重点不同，记录就不同。如果观察对象是层状地质体，则可对以下内容进行记录：

（1）岩石名称和岩性特征（包括岩石的颜色、矿物组成、结构、构造和工程特性等）。

（2）化石情况（有无化石，化石的多少，保存状况）和化石名字。

（3）岩层时代的确定。

（4）岩层的垂直变化，相邻地层间的接触关系。

（5）岩层产状，按方位角的格式进行记录。

（6）岩层出露处的褶皱状况，岩层所在构造部位的判断，是褶皱的翼部还是轴部等。

（7）岩层小节理的发育状况，节理的性质、密集，节理的产状，尤其是节理延伸的方向；岩层破碎与否，破碎程度，断层存在与否及其性质、证据、断层产状等。

（8）地貌、第四系（山形，阶地，河曲等），河谷纵、横剖面情况，河谷阶地及其

性质，水文，水文地质特征及物理地质现象（如喀斯特地貌、滑坡、冲沟、崩塌等的分布、形成条件和发育规律，以及对工程建筑的影响等）。

（9）标本采取、拍照等，标本应加以编号注明。

（10）补充记录上述内容尚未包括的现象。

以上记录项目应逐项分开，除日期和天气在同一格外，其余各项均要另开新行。

野外地质记录需要沿途观察、记录相邻观察点之间的各项地质现象，使点与点之间的关系连接起来。绘制各种素描图、剖面图，一般在记录簿的右页记录，在左页绘图。要进行路线小结、每日总结，对尚存疑点或注意点均应记录其中。

五、GPS 技术在野外的应用

（一）手持 GPS 的定位

伴随着 GPS 技术的快速发展，综合地理野外实习大量使用该项技术工具。手持 GPS 是 GPS 家族中使用面最广、与个人用户关系最密切的产品。手持 GPS 可以独立工作，进行定位、导航、记录航迹等，并且手持 GPS 具有电子罗盘、速度表、里程表、温度计等，方便用户使用。手持 GPS 除具有一般 GPS 的特点之外，还具有以下特点：体积小，携带方便，专业外观设计，一般具有防水、防震功能，操作简单，定位精度可以达到 5 ~ 10m，可与个人计算机（Personal Computer，PC）、掌上电脑（Personal Digital Assistant，PDA）、手机等智能化产品连接以实时进行数据更新。此外，手持 GPS 接收机一般都有 12 通道，可以同时接受 12 颗卫星的信号。GPS 接收机收到 3 颗卫星的信号可以输出 2 维数据，只有经纬度，没有高度，如果收到 4 颗以上的卫星，就输出 3 维数据，可以提供高度，不过在某些地方存在较大误差。有些 GPS 接收机内置了气压表，比如 eTrex 的 SUMMIT 和 VISTA，可以根据两个地点高度数据综合得出最终的海拔数据，精度有了很大提高。由于携带方便、操作简单，成本相对较低，手持 GPS 在许多空间调查中逐渐得到应用。

手持 GPS 的工作原理是利用三颗以上卫星的已知空间位置交会出地面未知点（用户接收机）的位置：

设时刻 t_i，观测点用 GPS 接收机同时测得 P 至 3 颗 GPS 卫星的距离为 p_1、p_2、p_3，通过 GPS 电文译出卫星的坐标为 $x_i, y_i, z_i (i = 1, 2, 3)$。用距离交会的方法求解 P 点的三维坐标：

$$\begin{cases} p_1^2 = (x - x_1)^2 + (y - y_1)^2 + (z - z_1)^2 \\ p_2^2 = (x - x_2)^2 + (y - y_2)^2 + (z - z_2)^2 \\ p_3^2 = (x - x_3)^2 + (y - y_3)^2 + (z - z_3)^2 \end{cases}$$

再将 p 点的三维坐标换算成经度、纬度和高度，即可达到定位的目的。

一般 GPS 上都有 MARK 键和 GOTO 键。MARK 键用于定位，即把当前的坐标存到内存里，GPS 会自动为这个点起一个名字；GOTO 用于导航，如果有一已知点位已经存到 GPS 内存里，并且有名字，那么按 GOTO 键，再选已知点名字，就可以计算出从此地到已知点的直线距离。MARK 键和 GOTO 键是 GPS 最基本的功能，其他功能都是以此为基础或为其服务的。

（二）GPS 所使用的坐标系统

经纬度坐标系统以英国格林尼治和赤道分别作为经度和纬度的零度点。在 GPS 系统内，经纬度的显示方式一般都可以根据自己的爱好选择，一般有"hddd. ddddd"（度·度），"hddd∗mm[∗]mmm"（度·分·分），"hddd∗mm[∗]ss"（度·分·秒）。度、分、秒的进制是 60 进制，但是度·度，分·分的进制是 100 进制，这一点在换算的时候要特别注意。地球子午线长度为 39 940.67km，纬度一度合 110.94km，一分合 1.849km，一秒合 30.8m，不同纬度的间距是一样的。

（三）GPS 的精度及 SA 政策

理论上，GPS 的定位精度可以到米级，美国军方出于安全考虑，人为限制了民用 GPS 的定位精度，制定了 SA 政策（Selective Availability，美国国防部为减小 GPS 精确度而实施的一种措施）。当 SA 政策实施时，定位精度只有 20～30m。目前民用 GPS 的定位精度可以达到 10m 左右。当接收到 4 颗以上有效卫星信号时，GPS 就可以实现三维定位，能算出海拔高程，但其精度不高。

（四）GPS 坐标系统的计算机格式

GPS 中可以存储几百个点位信息，通过数据线可以把存储的航点转存到计算机上，反之亦可。GPS 点在导入计算机后，经过一定的数据转换，可以建立 GPS 点位数据库，查询使用很方便。如果计算机系统中有 GIS 软件（地理信息系统）和电子地图，GPS 航点还可以直接投影到电子地图上。

第二节　地貌野外实习的基本方法

一、地貌野外观察与分析

（一）地貌形态的测量与描述

确定地貌形态的特征包括定性和定量两方面，既包括形态的测量，又包括形态的描述。不仅要观测、记录地貌的轮廓，还要注意形态的微小变化。不同等级的地貌形态特征是不同的。一般首先应该叙述大的地貌形态特征，如山地、平原和盆地等，它们往往是由多种地貌类型的形态组合而成。然后再叙述次一级地貌形态的特征，如山岭、河谷、洪积扇等。接着描述阶地、倒石堆、沙丘、冰斗和沟谷等更小的形态类型。最后描述组成地貌形态的各个要素特征，如山峰、山脊、山坡、坡折线、阶地面、阶地陡坎等。

对地貌形态的描述和测量应包括其几何轮廓特征（如扇形、锥形、阶梯形、三角形等），分布的位置（平面相对位置、绝对高程和相对高程等），形体或面积的大小（长度、宽度、高度）以及表面起伏的变化（如坡形、坡度、坡长、切割深度、切割密度）等内容，其中许多数据可根据地形图测出。

（二）地貌物质结构的观测与描述

地貌的形态特征与其物质结构关系极为密切。在地表露头较好的地方必须进行地表物质的详细观测和记录，主要内容包括岩石的名称、性质、结构，风化物的特征，岩层或岩体的产状，与相邻层位的接触关系，各种构造现象等。一般是从表及里，尽可能弄清楚地层的年代、成因、层序和分布规律，更重要的是理清它们对地貌形成和发育的影响。遇到较好的第四纪沉积物露头，更应该详细描述和观测，因为它们对确定地貌，特别是堆积物地貌的成因和年龄起着关键作用。

（三）地貌成因类型的确定

地貌是内外营力相互作用于地表的结果。不同等级地貌形成的主导营力是不同的。相同等级或相似的地表形态也可能是由不同营力所形成，而且在形成的整个历史过程中，其主导营力和过程还常常变化。

以外营力为主形成的许多堆积地貌，根据其形态特征、物质结构、岩相特征（如物质颗粒的大小、形态、分选、排列和层理等）以及所处的自然环境，常常比较容易确定它们的成因，如倒石堆、冲积堆、洪积扇、河流阶地、三角洲等。而确定侵蚀地貌，如夷平面、侵蚀阶地、冰川槽谷等的成因，就十分困难。除根据形态特征和分布规律之外，主要通过研究它们与地质条件和自然地理条件（或古地理环境）的关系，研究地貌成因类型的组合及其与相关沉积物的关系等因素来确定。

以内营力为主形成的地貌，主要是分析构造因素与地貌的关系。应尽可能将本地区的地质构造对地貌的影响调查细致，尤其要注意新构造运动在地貌形成中的作用。在新构造运动相对上升地区，常见的现象是地面松散沉积物厚度小，河谷急剧加深，河谷两侧较陡或形成多级阶地，河床纵剖面急剧变陡等。在新构造运动相对下降地区，常见的现象是地面松散，沉积物的厚度加大，有埋藏地形，河床开阔并常出现分叉河流，河漫滩沼泽化，河床纵剖面变缓等。

二、各类地貌调查

（一）山地地貌调查

山地是大陆上最常见的地貌形态，其特点一般是山岭与谷底相间分布，地面坡度大。

1. 山地高低

在野外调查中，山地的高度一般是利用地形图来确定。山地和丘陵按其海拔高度和起伏高度可分为若干类，见表2.5。

表2.5 山地分类

山地分类		起伏高度（m）	海拔高度（m）
极高山	极大起伏极高山	大于 2 500	大于 5 000
	大起伏极高山	1 000 ~ 2 500	
	中起伏极高山	500 ~ 1 000	
	小起伏极高山	200 ~ 500	
高山	极大起伏高山	大于 2 500	3 500 ~ 5 000
	大起伏高山	1 000 ~ 2 500	
	中起伏高山	500 ~ 1 000	
	小起伏高山	200 ~ 500	
中山	极大起伏中山	大于 2 500	1 000 ~ 3 500
	大起伏中山	1 000 ~ 2 500	
	中起伏中山	500 ~ 1 000	
	小起伏中山	200 ~ 500	
低山	中起伏低山	500 ~ 1 000	小于 1 000
	小起伏低山	200 ~ 500	
丘陵	高丘陵	100 ~ 200	200 ~ 500m
	低丘陵	小于 100	

2. 山体形态及其发育过程

山地既包括凸起的山体部分，也包括凹下的谷地部分。山体由山顶、山坡和山麓三部分组成。山顶的形状一般分为尖峭状、浑圆状、平坦状。尖峭状山顶多与坚硬岩性有关，或是强烈寒冻风化或冰川作用的结果；浑圆的山顶多由易风化的岩石构成；平坦山顶多由水平岩层构成，或是剥蚀面、夷平面表现的地形特征。山体的形态特征是分析山地成因的重要依据之一。

山坡的形态主要反映在坡形、坡度、坡长等外部特征上。山坡的形状一般分为直形坡、凸形坡、凹形坡以及凸凹形坡组成的复式山坡。山坡坡度的大小，目前还没有统一的分级标准，一般分为极陡坡（大于 35°），陡坡（15° ~ 35°）、缓坡（5° ~ 15°）、极缓坡（2° ~ 5°）。大于 70°的坡度可称为陡崖。山坡的长度一般分为长坡（大于500m）、中等长度坡（50 ~ 500m）、短坡（小于 50m）。山坡按其成因可分为侵蚀坡、剥蚀坡、构造坡和堆积坡等。

山坡的形态不是固定不变的，在风化作用、块体运动和坡面流水等多种营力作用下将不断发生变化。在野外调查中要注意确定塑造山坡形态的历史过程和现代过程。片流现象在自然界中十分普遍，它导致坡面上最肥沃的土层沿坡面下移，使分水岭降低、谷坡后退，从而改变原始形态。在野外观察要注意坡面上的现代流水作用，了解最近地质时期内坡面流水作用的变化，坡面流水对坡地形态及坡面物质的影响，坡面流水的强度同坡地形态、坡度、坡长的关系。了解坡地上可能产生的一些灾害性的地貌过程，如崩塌、滑坡、泥石流等。

（二）构造地貌的调查

1. 褶皱构造地貌调查

褶皱构造有时与地形起伏一致，形成背斜山、向斜山；有时与地形起伏相反，形成背斜谷、向斜谷。在褶皱构造地貌的调查中要充分利用地质图和地质剖面图的资料，查清新老岩层的叠置关系，查清岩层倾向与地貌形态的关系，然后确定山地与谷地属于顺地形还是逆地形（即地形倒置）。单面山和猪背脊常发育在单斜构造地区或发育在褶皱构造的一翼。调查时首先要查清山地的岩层是否向同一方向倾斜，并对岩层的倾角和山地两侧的坡度进行准确的测量，然后确定是单面山还是猪背脊。

2. 断裂构造地貌调查

由断层构造形成的地貌，在形态上常表现为陡坎，最典型的断层地貌有断层崖、断层三角面或梯形面、阶梯状断块地形、断块山、断陷谷和断陷盆地等。对断裂地貌的调查，必须寻找充足的断层存在的标志，如断层面、断层角砾、岩层变位、岩层中断、岩层重复或缺失等，确定断层要素，判断断层的类型（正断层、逆断层、平推断层等）。分析断层发育与地貌形态的关系，并恢复断层地貌发育的历史，同时分析断层地貌受外力作用的破坏情况。

（三）流水地貌调查

1. 河流地貌调查

河流地貌调查主要是对河谷纵、横剖面结构及其发育过程的调查。河谷根据横剖面的形态可分为窄谷和宽谷。窄谷一般深度大于宽度，如峡谷。宽谷一般谷底宽阔，沿河常有心滩、沙洲、沙堤和河漫滩等，谷坡上有阶地发育。河谷横剖面的调查一般包括下列内容：

（1）河谷的横剖面是否对称。

（2）河漫滩的高度、宽度，洪水淹没范围，特大洪水淹没的范围，地面的小地貌和微地貌，河漫滩的物质结构，植被生长情况和土地利用情况。

（3）谷坡的特点及其岩性和构造等因素的关系，谷坡上植被生长情况，谷坡及其坡脚被松散沉积物覆盖的程度。

（4）河谷横剖面的结构和形态特征。

如果谷坡呈阶梯形，必须要查明它们与岩性、构造有无直接关系：是由于不同抗蚀程度形成的构造阶地（假阶地），还是由于河流本身作用形成的河流阶地。对多级阶地要仔细确定它们的级数，并通过上下游阶地及其组成物质的分析对比，判断河流阶地形成及其发育的历史。通过对河流阶地分异的认识，恢复流域地貌发育的过程。

2. 喀斯特地貌调查

常见的喀斯特地貌有溶沟、溶蚀裂隙、石芽、石林、溶蚀漏斗、落水洞、溶蚀竖井、溶蚀洼地、溶蚀谷地、峰丛、峰林、孤峰、干谷、盲谷，地下喀斯特地貌有地下河与溶洞等。在喀斯特地貌发育的地区，一般查明以下内容：

（1）查明地质构造，包括岩性、岩层厚度、产状及裂隙（方向、大小、密度）和空隙对喀斯特发育的影响。尽可能采样拿回室内分析岩石的化学成分和溶解度。

（2）查明岩溶水的特征，注意地表水和地下水的联系，对地下河、井、泉要观察其流向和流速，以及它们所处的高度和地形部位。

（3）查明地表喀斯特地貌的形态特征，进行详细的形态描述和计算。

（4）查明喀斯特地貌的空间分布规律，分析其发育阶段。地表喀斯特和地下喀斯特在成因上有密切的联系，因此在形态上它们往往是相互关联的。

（5）对地下河和溶洞是由何种填充物和化学沉积形成的进行详细观测。

（6）查明对喀斯特地貌发育有影响的因素，除地质因素外，还要分析地势条件、气候特征、植被、土壤以及人类活动等因素对其发育的影响。

（7）查明喀斯特地貌与岩溶水的利用情况，特别注意地下喀斯特现象对道路工程、水利工程和建筑造成的威胁。

第三节　气候气象野外观测的基本方法

一、观测场地的选择

根据不同观测对象和观测内容，观测点的布设有所不同。

（一）山地气候观测

山地气候观测旨在认识地形与气候的关系、气候垂直分异的基本规律和山地小气候的主要特征。

1. 高程对比观测

测点的布设要求：按高度分布，下密上疏；远离水域；视野要广，一般应能看见对面山坡；要选在山脊，尽量不在山谷；附近无严重遮蔽；尽量分布在各高度的主要农作区；尽量靠近生活点，并尽可能具备必要的通信联络条件。

2. 坡地方位对比观测

按不同坡向、坡度布设观测点，测点应能代表本坡坡向，且南坡多于北坡、长坡多于短坡，地形复杂的坡地多于地形简单的坡地。

（二）水域气候观测

水域观测旨在认识水体和陆地的热力、动力差异，以及湖泊气候、海岸气候的基本特点。

1. 水温的观测

按水体等深线布设观测点，测量水面温度和不同深度的水体温度。

2. 水陆对比观测

沿盛行风向做穿越水体的水平剖面线，按距水体远近布设观测点。观测内容包括水温、地温、气温、降水和风向、风速。

（三）城市气候观测

城市气候观测旨在认识城市的热岛、干岛、湿岛等气候特点，及城区和郊区的气候差异。

1. 市区不同下垫面对比观测

将市区按不同的地表覆盖物分成不同下垫面类型，并考虑城市的各种功能区和地形变化布设观测点。

2. 不同方向的对比观测

按不同方向（东南西北向或由上风向至下风向）及距市中心远近，沿城区—郊区—农村的顺序布设观测点。

二、观测场地布置和仪器安装

（一）观测网点的定位

主要利用大比例尺地形图和 GPS 定位。测点定位后，应对测点的地貌部位、坡向、坡度、相对高度、植被、土壤、水文、农田作物、建筑物，以及生产经济活动等进行描述。

（二）观测场地布置和仪器安装

要根据实地条件而定，除了树林内的观测点外，其余观测点四周应尽量开阔，场地应该平整，草高不得超过 20cm，仪器应按高低顺序自北向南安置，仪器之间要保持一定距离，避免相互影响，注意通风条件，便于观测操作。配备有野外专用百叶箱的观测组，场地布置应尽量注意标准化（见图 2.3a）；没有配备百叶箱的观测组，场地布置可以略为简单（见图 2.3b、图 2.3c）。仪器安装要牢固，其高度、深度、角度、方位等要符合安装要求。地面温度表应东西向水平放置，球部朝东且一半埋入土中，由北向南依次放置普通温度表、最低温度表、最高温度表。测量近地面气温、湿度的温度计和湿度计的干湿球温度表的球部距离地面 1.5m，轻便风向风速计高度 2.0m。在没有固定观测设备的地点，应提前 15～20 分钟到达观测位置、选定观测高度，放好仪器，以保证观测开始时，仪器也能较精确显示观测点的实际状况。

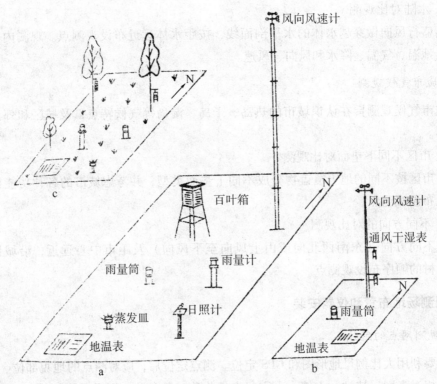

图2.3 气象观测点场地布置示意图

三、观测、读数与记录

(一) 观测次数与时间

为了保证临时观测网点的资料能与固定气象台站资料作对比,各测点每天至少应有8:00、14:00、20:00三次定时观测。各测点要在统一时间内,按统一的程序进行观测。

(二) 观测程序与读数

1. 温度观测

应先观测气温,后观测地温。观测气温时,人的视线应和温度表水银柱顶端保持平齐,勿使头、手、灯接近球部,不要对着温度表呼吸。先读干球,后读湿球;先读小数,后读整数;先读干温球温度表,再读最高、最低温度表,然后复读,做器差订正、记录,最后及时调整最高、最低温度表。调整最高温度表的方法是右手紧握温度表头部(中上部),球部向下,伸出手臂与身体约成30°,在水平面45°范围内甩动,直到温度表读数与干球温度读数互差不超过0.2℃时为止。调整最低温度表的方法是右手轻握温度表头部,让温度表球部高于水平。直到蓝色小指标由于重力作用慢慢滑到毛细管中酒精柱顶处不再滑动为止。注意手不能触及球部,以免影响读数。放置最高温度表时先放球部后放头部,以免水银柱上滑影响读数。

　　地表温度的观测遵循"先普通、再最高、后最低"的原则。读数时，应先读小数、后读整数，及时记录。记录时温度表读数保留到小数点后一位，无需记录单位（℃）。若温度在0℃以下，记录时需加记"－"。观测地温时应站在踏板上距离地温表50cm处俯视读数。按0cm、5cm、10cm、15cm、20cm的顺序观测读数，注意复读，并做误差订正和记录。

　　2. 相对湿度观测

　　相对湿度可由干湿球温度表读数通过查表得出。相对湿度的单位是百分率（%），记录时以整数记，单位不做记录。

　　3. 降水观测

　　降水观测时把雨量器内储水瓶中的降水倒入雨量杯，用食指和拇指夹住量杯上端，使其自由下垂，让视线与水面平齐，以凹面最低处为准，读得的数值即为降水量。降水量为固态降水时，把装有降水的储水瓶拿回室内，擦去瓶外降水物、泥土等，放到台秤称量，扣除容器重量后折合的毫米数为降水量。

　　4. 风观测

　　风的观测分为风向和风速，风向观测采用16方位制，风速观测采用m/s。观测者在下风方向手持轻便三杯风向风速仪，垂直地将其举过头顶，风速表刻度盘与当时风向平行，将方位盘的制动套管向下拉并向右转一角度，方向盘就可按地磁子午线方向稳定下来，注视风向指针约2分钟，记录其最多风向。在观测风向的同时，待风杯旋转约半分钟后，按下风速按钮，风速指针恢复零位，松开启动杆后，指针开始走动，1分钟后指针自动停转，读出指针所示数值，依据这个数值从风速鉴定曲线图中查出实际风速（取一位小数），即为所测之平均风速，见图2.4。

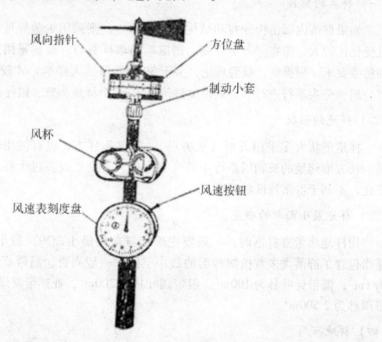

图2.4　轻便三杯风向风速仪

（三）记录

准确、易查实是观测记录的最基本要求。为达到这一要求，应做到以下两点：第一，使用专门设计的记录簿，认真填写所在区域、测点的编号以及观测点附近环境状况。记录簿上的记录表格不得缺页，要按计划的观测日期逐日填写。缺、漏测时要空页，并在备注栏内注明原因。第二，必须做到在现场双人观测、双人记录。观测小组成员不能少于3人，其中有1名主测、1名主记。只有3人时，另一人同时复测读数和监督记录。这样才能把误测、错报和误记的可能性降到最小限度。气象观测使用的记录表见附表3。

第四节　植被调查的基本方法

植被是某一地区全部植物群落的总称。野外植被调查主要是了解植物群落的基本特征、植物群落与环境之间的相互关系及其变化规律。根据调查要求以及植被和环境等方面的特点，选择适宜的植被调查方法，如样地调查法、无样地调查法、频度法、生态序列法等。其中样地调查法是群落调查最基本的方法，所获得的第一手资料详细可靠，可作为其他调查方法精度的对照依据。其方法主要包括三个步骤：样地设置、样地环境调查、样地植物群落特征调查。

一、样地设置

（一）样地的数目

如果群落内部植物分布和结构都比较单一，则采用少数样地；如果群落结构复杂且变化比较大、植物分布不规则，则应提高取样数目。究竟采用多少样地取决于研究的精度要求。根据统计检验理论，多于30个数值（大样本）才较可靠。野外调查研究可分组、分头平行进行，一般每类群落以3~5个样地为宜，以便统计比较。

（二）样地的形状

样地形状大多采用方形（长方形），故又称样方；也有使用圆形样地的，称为样圆。长方形样地的长轴以平行于等高线为好，否则在高差过大样地内可能出现生境的变化，不利于群落特征的观察。

（三）样地最小面积的确定

用样地法考察群落时，一般要先确定群落的最小面积。最小面积又称表现面积，是指包含了群落大多数植物种类的最小空间。一般而言，温带草原群落样地最小面积为$1m^2$，温带针叶林为$100m^2$，温带阔叶林为$200m^2$，亚热带常绿阔叶林为$500m^2$，热带雨林为$2\,500m^2$。

（四）样地布局

一块样地的面积可能仅仅是某类群落在一个地区总面积的几百分之一或几千分之

一，各个样地在这一范围内应当怎样布局也很重要，它影响着调查结果的准确程度。样地在群落内的布局有多种方法，其中传统的方法是把样地选在群落内有代表性或典型的地方，这种方法称为主观取样法。但这种方法的数量资料容易有偏差或遗漏，特别是一些不显眼的、较少或较分散的植被可能被忽视，因此不能用于统计分析。而随机取样调查则能够应用于各种统计处理中。这种抽样调查首先把要调查地段分成大小均匀的若干部分，每部分都编号或确定坐标位置，然后随机选出一定数量的、占有一定位置的样地。地块的划分可直接在现场进行，也可选在地图上进行，然后在现场落实。

二、样地调查内容

一般以 4~6 人为一组，在选定的样地上进行地理环境条件和群落特征的调查，并把调查结果记入调查表中。各项调查均完成后，再对整个群落进行总评。

（一）样地地理环境条件调查

样地地理环境条件的调查包括所在的地理位置和环境特征（气候条件、地形条件、土壤条件及人类影响等）。将上述各项调查结果记入植物群落环境条件调查记录表中（见附表4）。

（二）样地植物群落特征调查

样地植被群落应按分层记录。植物群落层一般划分为七层：

第一层：植株高 6m 以上的乔木。

第二层：植株高 6m 以下的乔木。

第三层：灌木层。

第四层：高度 30cm 以上的草本，属高草本。

第五层：高度 10~30cm 的草本，属中草本。

第六层：高度 10cm 以下的草本，属低草本。

第七层：匍匐地面的植物（包括草本、蕨类、苔藓、地衣），属地被层。

1. 乔木层调查

乔木层调查主要围绕郁闭度、胸径、高度、年龄、数量等方面进行调查，并将各项调查结果记入乔木植物调查记录表（见附表5）。

郁闭度：森林中乔木树冠遮蔽地面的程度，是反映林分密度的指标。它是林地树冠垂直投影面积与林地面积之比，完全覆盖地面为1。根据联合国粮食及农业组织规定，0.70（含0.70）以上的郁闭林为密林，0.20~0.69 为中度郁闭，0.20（不含0.20）以下为疏林。在野外用目测估计法，即估计林冠间露出天空的面积比例，如林冠间露出天空的面积占样地的3/10，则林冠郁闭度为0.7。

高度：植物个体在地面以上向上伸展的长度，是种群和群落生物量及其生产能力的重要指标。枝下高是指自地面起到第一个大枝条伸出处的高度，用测高仪测量或者用目测法估计。

胸径：树干距地面以上相当于一般成年人胸高部位的直径。由于人的高矮不一，为使测量点一致，胸高的具体高度在一个国家内部都是统一的，但在不同国家并不一致。我国和其他大多数国家胸高位置定为地面以上 1.3m 高处。一般用测树胸径尺围着树干绕一圈读出来的数值即为周长。一般从左边开始向右边拉出，环绕树干。即便测树人员为左撇子也是如此。胸径尺绕树一周回到有勾的一端时，胸径尺应放在勾的上方。胸径尺不能反面向外，有数字的一面必须朝外。如果被测植被是倾斜的，则必须按照树木的自然倾斜角度环绕胸径尺，而不是按与地面平行的角度环绕。

标准地上植株的统计：分别统计样地内各种树木的个体数。样地内所有的植物种，不论是成熟的还是幼小的植株都要统计在内。不认识的种类可用号码代替，要采集标本供以后鉴定。

2. 灌木层调查

灌木层的调查一般不采用每木调查法，而是先确定总盖度，用百分数表示；然后记载各个灌木种类的名称、多度、盖度、高度、生长特性、生活力及物候期；最后调查结果记入灌木植物调查记录表（见附表6）。

植物盖度：盖度分为投影盖度和基盖度两种。这两种盖度在乔木、灌木和草本植物上均可应用。植物枝叶所覆盖的土地面积，称为投影盖度（通常称为盖度），即植物地上部分垂直投影面积占样地面积的百分比。调查投影盖度可用目测法和量测法。基盖度又称纯盖度，是指植物基部实际占据的面积，这一方法多用在草本群落调查中。草本植物的基盖度均以离地 2.5cm 处（牲畜吃草高度）草丛的面积来计算，树木的基盖度由测定树干距地面 1.3m 处的直径来计算。

多度：一个种在群落中的个体数目。多度的统计方法通常有两种，即直接计算法和目测估计法。个体直接计算法工作量很大，但所得的结果正确，有统一的客观标准和明确的数量概念，一般在森林群落乔、灌木的研究中普遍采用。目测估计法是一种粗略的统计方法，其特点是迅速、方便，但具有较大的主观性和经验性。经验不足者对同样的对象所作的估计可能有较大的差别。目测法是按照事先划分的多度等级进行估计，在草本群落的研究中常常采用。我国通常采用德氏多度法，共分 7 级，用拉丁文符号表示如下：

Soc（Socialds）——植株密闭，形成背景

Cop^3（Copidsae3）——植株很多

Cop^2（Copidsae2）——植株多

Cop^1（Copidsae1）——植株尚多

Sp（Sparsae）——植物数量不多且分散

Sol（Solitariae）——植物很少（独立孤生），偶见

Un（Uncunm）——在样地中只有一株

生长特性：各种植物在群落中成群生长的特征，也叫群聚度。分以下 5 级：

Ⅰ：单株散生生长

Ⅱ：几个个体成小群生长

Ⅲ：很多个体成大群生长并散布成小片

Ⅳ：成片或散生地簇状生长

Ⅴ：大面积簇生，几乎完全覆盖样地

生活力：表明植物种对环境的适应能力，一般用3级表示：

强：完成整个生长发育阶段，生长正常

中：仅能生长或有营养繁殖，但不能正常开花、结实

弱：植物达不到正常的生长状态，营养体生长不良

物候期：记载植物所处的发育阶段，一般分为5个时期：

营养期：植物处在生长阶段

蕾期：植物长出茎和梗，花蕾出现

花期：植物处在花盛开时期

嫩果期：植物花凋谢，但种子尚未成熟

果期：种子、果实已经成熟

3. 草本层调查

草本层与灌木层的调查方法基本相同，只是草本层的高度记载以厘米为单位，并分别测量生殖枝高度和叶层高度。生殖枝高度是从茎基部到花序顶端，叶层高度是从茎基到最上面的叶层。调查结果记入到草本植物调查记录表（见附表7）。

4. 层间植物调查

层间植物包括藤本植物和附生植物，其调查主要内容见附表8和附表9。

第五节　水文野外测量的基本方法

一、河流水文测验的内容与方法

河流水文测验的主要任务是通过观测、测验和测量，取得河流的基本水文资料。主要测验项目有水位、流量、泥沙、水温、冰情、水化学等，其中水位和流量是江、河、湖、库等水文现象的两个基本要素。

（一）观测点的选取

观测站的水位与流量关系往往受其断面河段的水力要素所控制，选择观测站控制较好的地点，水位与流量关系较为稳定，能方便准确地进行测量。观测站一般应尽量选择河段顺直稳定，水流集中，无分流、斜流和严重漫滩及回水变动影响，冲淤变化小的河段。河段顺直长度一般应小于洪水时主槽河宽的3~5倍，山区河流尽可能选在急滩、石梁、卡口等控制断面的上游。利用堰闸等水工建筑物设站的测验河段，观测站一般选在建筑物的下游，避开水流紊动影响的地方。在堰闸等水工建筑物上游如有较长的顺直河段，也可选在上游。

（二）水位观测的方法

水位观测的资料主要应用于两个方面：第一，应用于水文预报和水利工程建设，如防汛、航运、给水、灌溉、排水，码头等建筑物的设计和水面比降的研究；第二，

间接应用于推求流量。常用的水位观测设备有水尺和自记水位计两类。水尺是水位观测的基本设备，构造简单，观测方便。自记水位计具有记录连续完整、节省人力等优点。可根据需要和可能的条件，选用不同类型的水位观测设备。

1. 水尺

水尺按形式可分为直立式、倾斜式、矮桩式等。其中直立式水尺的应用最为普遍。在年水位变幅不大，流水、浮运、航运等对水尺危害不严重的河流上多采用直立式水尺。若水位变化大或河谷边坡平缓，可分段设立若干水尺。设立水尺时，首先要测出水尺的零点高程，其水位可用水尺零点高程加上水尺读数获得。

水尺读数时观测水面截于水尺的位置读数，注意避免折光的影响。水位观测次数的多少可根据河流水位涨落变化的情况来决定。一般水位平稳时，可每天上午 8：00 观测一次；水位变化不太大时，可每天 20：00 再增加观测一次；洪水期河水位变化较大时，每天至少在 2：00、8：00、14：00、20：00 各观测 1 次，并应视洪水涨落情况再增加测次。增加测次的原则是以能测得峰、谷和完整的水位变化过程为准。

2. 自记水位计

自记水位计有浮筒式水位计、水压式水位计和超声波水位计。使用自记水位计观测水位时，应在同一断面上设立水尺，并定时校测、换纸，调整仪器，并对自记记录进行订正、摘录。当仪器性能良好、记录周期较长时，可适当减少校测和检查次数；当水位涨落急剧或仪器性能较差时，应适当增加校测和检查次数。

（三）流量观测的方法

流量是河流重要的水文特征之一，研究河川径流的变化规律，离不开流量资料。流量资料也是国民经济有关部门进行工程规划和工程设计时不可缺少的基础资料。

目前国内外测流量的方法有很多，按其工作原理可分为五大类：流速面积法、水力学法、化学法、物理法和航测法。流速面积法是通过流速和断面的测定来计算流量；水力学法是根据水位流量关系，由测得的水位代入水力学公式求算流量；化学法是将已知量的可溶指示剂注入河水中，由于水流的作用使指示剂在水中扩散，通过测定水流中指示剂浓度来推算流量；物理法是利用某种物理量在水中的变化来测定河流断面或水面的平均速度，再计算流量；航测法是借助于航空摄影，从飞机上投下专用浮标或燃料，然后在实验室中根据航测照片测定流量。其中，流速面积法是最常用的一种方法。

由于 $Q = FV$，因此流量（Q）测验需要测定河流过水断面面积（F）和流速（V）。

1. 过水断面测量

过水断面测量包括测深垂线起点距测量、测深垂线水深和水位测量。

（1）测深垂线起点距测量。测深垂线与断面起点桩 A 之间的距离称为测深垂线起点距（L）。常用的测量方法是经纬仪法。如图 2.5 所示，一般先以测深垂线起点 A 为端点在河岸上打一基线，使之与所测断面垂直。用钢尺量出基线的长度 i。置经纬仪于基线另一端 B，测深垂线起点对准 0°0′0″，再分别前视各测深垂线，读出各水平角度 a，

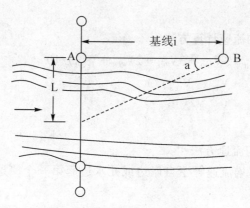

图 2.5　经纬仪测起点距示意图

再用以下公式计算：

L = i tga

式中：L 为测深垂线起点距，i 为基线长，a 为仪器视线与基线夹角。

（2）测深垂线水深测量。中、小河测量水深多用测深杆、测探器、测深铅鱼，大河多用回声测深仪。测深时要观测水位，做好断面测量记录（见附表10），计算各垂线的河底高程。再根据各垂线的起点距与河底高程绘制过水断面图。

2. 流速测量

由于流速在断面上的分布受许多因素影响，因此断面上应均匀分布测速垂线。关于测速垂线数目的确定，可参考表2.6。测速垂线上的测点位置和数目的选择，应根据不同情况、不同测验目的和精度要求等加以确定，选取时可参考表2.7。确定测点之后，把流速仪放到测点位置，用计数器测定流速仪的转速，用秒表计测速历时，并把各垂线号、测得的水深、测点相对位置、相对水深、测点流速仪转数和历时填入记录表中（见附表11）。

表 2.6　　　　　　　　　　　　　　河宽与测速垂线数参照表

河宽（m）	50	50~100	100~300	300~1 000	1 000 以上
垂线数	10	10~15	15~20	20~30	30~40

表 2.7　　　　　　　　　　　　水深与测速垂线测点位置参照表

垂线水深（m）	方法名称	测点位置
h < 1	1 点法	0.6h
1 < h < 3	2 点法	0.2h，0.8h
	3 点法	0.2h，0.6h，0.8h
h > 3	5 点法	水面，0.2h，0.6h，0.8h，河底

3. 流量计算

（1）计算垂线平均流速计算方法

五点法：$Vs = (V_{0.0} + 3V_{0.2} + 3V_{0.6} + 2V_{0.8} + V_{1.0})/10$

三点法：$Vs = (V_{0.2} + V_{0.6} + V_{0.8})/3$

二点法：$Vs = (V_{0.2} + V_{0.8})/2$

一点法：$Vs = V_{0.6}$

（2）计算部分平均流速方法

岸边或死水部分平均流速等于自岸边或死水边起第一个测速垂线的平均流速乘以流速系数 a，即：

$V_i = a \times V_{si}$

式中：缓坡时 $a = 0.7$，陡坡时 $a = 0.9$。

中间部分平均流速为相邻两垂线平均流速的算术平均值，即：

$V_i = (V_{si} + V_{si+1})/2$

式中：V_i 指 i 部分垂线平均流速，V_{si} 是指某一垂线平均速度。

（3）计算部分面积方法

根据过水断面图，计算各部分的面积。部分面积等于两边垂线水深的平均值和其间距的乘积，即：

$F_i = (h_i + h_{i+1}) \, b_i/2$

式中：F_i 指某一部分过水断面面积，h_i 指某一垂线水深，b_i 指两边垂线间的距离。

（4）计算部分流量方法

部分流量为部分平均流速与部分过水断面面积的乘积，即：

$Q_i = F_i V_i$

式中：Q_i 指某一部过水断面流量。

（5）计算断面流量方法

断面流量为各部分流量的代数和，即：

$Q = \sum Q_i = \sum F_i V_i$

二、地下水测验的内容与方法

地下水是水资源的重要组成部分，往往有可供利用的稳定水量。地下水资源对工业、农业、畜牧业以及城市的发展均有重要的贡献作用。同时，地下水也能给土壤发育、工程建设和城市发展带来不同的影响。因此，调查地下水的形成及其分布规律具有重要意义。

（一）地下水调查内容

不同地区地下水调查内容是不同的。但在任何一个地区进行地下水调查，一般需要查清以下内容：

1. 查清调查区地层、岩性、构造、第四纪沉积及地貌发育与地下水分布规律的关系，编绘调查区的水文地质图。

2. 查清调查区地下含水层的数目，各含水层的岩性，顶板和底板的岩性，含水层的分布，水头和水力的联系，含水层的埋藏深度。确定地下水的类型，分析各类地下水的形成与分布规律，弄清有无地下热水、矿水和肥水。

3. 确定地下水的主要补给来源和补给区的位置。观测地下水的运动，测定水力坡度、地下水的流向和径流条件，确定排水区的位置和排泄方式。

4. 调查地下水的水质，确定地下水的化学成分、矿化度、氢离子浓度和化学类型。

5. 对调查区的地下水资源进行综合评价，提出地下水的利用和防护方向。

（二）泉的调查

泉为地下水的天然露头。其调查内容为：

1. 调查泉的位置，泉水出露的地貌部位，泉的高程（绝对高程和相对高程）。

2. 调查泉水露头处的地质条件（包括岩性和构造条件），确定构造条件与泉水的补给关系和补给泉水的含水层及泉的类型，判断是上升泉还是下降泉，是上层滞水泉，还是潜水泉或承压水泉。

3. 观测泉水的物理性质，采集化学分析用的水样，测量泉水的水温和流量，调查泉水流量的稳定性和泉水的动态变化，观察泉水附近有无特殊的沉积物。

4. 调查泉水的利用状况及进一步扩大利用的可能，确定泉水能否饮用和灌溉。

5. 遇有矿泉时，除必须调查上述内容外，还要调查矿泉的水温、化学成分、地质构造条件和成因，访问、了解矿泉的医疗效用或有害的影响。

调查时填写泉水调查记录表（见附表12）。

第六节　土壤野外调查的基本方法

土壤野外调查的主要内容包括：调查土壤所处的环境条件，认识各种成土因素对土壤所起的作用；研究调查区土壤的种类及各种土壤的形态特征；研究调查区地貌部位和各土壤类型之间的相互关系及其所反映的系列性规律；根据对调查区土壤资源的认识及其利用的现状，分析土壤资源的生产潜力和改造措施。

一、土壤剖面环境条件调查

在野外进行土壤剖面的观察时，有必要对其所在位置、所处环境条件进行调查。调查内容主要包括剖面位置、地形、母质、自然植被、农业利用方式、侵蚀情况等。对野外土壤环境的描述，有主观经验描述与标准化描述、定性描述与定量描述。为了保证科学记录方法的统一和提高野外工作效率，可把所要记录的内容及标准直接列在记录表上。这样，野外调查时就不会由于对标准的记忆困难或查找麻烦而耗费时间。另外，在记录方法上采用数字编号记录法，能够简明而快速地完成大量土壤环境信息的记录任务。其方法是：先将记录的内容用数字逐项编号，并列在土壤剖面环境条件调查记录表（见附表13）上。野外调查前要将区域土壤环境可能出现的因素逐一系统排列，按附表 14 的形式填满，供野外调查时参考。

二、土壤剖面观察

土壤剖面的野外观察大致包括四个步骤：土壤剖面点的选择、土壤剖面的挖掘、土壤剖面的观察和记录以及土壤样品的采集。

（一）土壤剖面点的选择

土壤剖面点的选择应具有代表性。应根据采样区域周边环境、气候条件以及地形等选择典型区域，原则上每个土壤类型至少有一个剖面点。如：观察地带性土壤需选择地面平坦、无强烈侵蚀、无强烈堆积、排水良好、土壤湿度正常的标准地段来设置土壤剖面点；在山区应该按照海拔、坡向、坡度、坡形、植被类型分别设置土壤剖面点；农、林、牧交错地区应按土地利用的不同方式分别设置剖面点。土壤剖面点的具体位置选择还要注意避开公路、铁路、坟地、住宅四周、水利工程等受人为干扰影响较大的地段，确保剖面能代表该种土壤的自然属性。

（二）土壤剖面的挖掘

土壤剖面按来源可以分为自然剖面和专门剖面两类。

自然剖面是指由于天然原因或人为原因在野外已存在的土壤剖面。其中，天然原因为河流冲刷、塌方等，人为原因为兴修公路、铁路，房屋建设，取土烧砖瓦，矿产开采，平田整地等。自然剖面的优点是垂直面往往比较深而裸露面比较广，有利于观察土壤层次及剖面结构在横向上的连续变化。其缺点首先是自然剖面不能均匀地分布在各种土壤类型上，位置也不一定具有代表性；其次是由于自然剖面暴露在空气中，外界的环境因素发生变化，土壤的理化性质也不可避免地发生变化。因此，在利用自然剖面时需先剥去外表，暴露出新鲜的断面，再进行观察和分析。

专门剖面是指根据土壤调查绘图的需要，人工挖掘而成的新鲜剖面，有的也叫土坑。土壤剖面挖掘时一般按照长 2m、宽 1m、深 2m 的规格挖掘，但对不同土壤应有所调整，如土层薄的土壤要求挖到基岩，山区土壤挖到母质即可，地下水位高的则以挖到地下水面为准；对一般的耕地土壤，剖面规格为长 1.5m、宽 0.8m、深 1m。

挖掘时应注意以下几点：剖面的观察面要垂直并向阳，便于观察，在观察面的对面坑壁上，可留下一定数量的台阶，以便进出土坑；挖掘的底土、表土应分开堆放，以便填坑时恢复原状，在农业耕作区更应如此；剖面挖好后应进行修正，一边修成光面，以便观察颜色和新生体等，另一边修成粗糙面，以便观察结构。

（三）土壤剖面的观察与记录

首先，根据土壤颜色和结构等肉眼易分辨的形态特征划分层次，分出 A、B、C 层，有时还可以见母岩层。然后再逐层观察记录土壤颜色、湿度、质地、结构、松紧度、新生体、侵入体、植物根系等形态特征。土壤剖面记录采用连续读数，用钢卷尺从地表向下测量各土层厚度，连续记录各层的形态特征，并记入土壤剖面形态记录简表（见附表 15）中。在记录方法上同样采用数字编号记录法，将记录的内容用数字逐项编号，并列在记录附录表（见附表16）和相关说明上。

土壤质地野外测定标准：

砂土：不能形成细条。

砂壤土：有不完整的细条。

轻壤土：揉条时细条裂开。

中壤土：细条完整，但卷成环时裂开。

重壤土：细条完整，但卷成环时有裂痕。

黏土：细条完整，环是坚固的。

（四）土壤剖面样品采集

在土壤剖面观察记录后，可根据土壤野外调查需要，采集土壤剖面样品。土壤剖面样品一般分为分析标本、土盒标本及整段标本三种。分析标本是为进一步了解土壤的特性，做精确的实验分析而采集的土壤分析样品。土盒标本是为了在室内比土、评土、鉴定土壤类型、绘制土壤图和室内陈列而采集的土壤标本。整段标本是供室内陈列、展览参观用的完整土壤剖面的标本。

1. 采集分析标本

采集的部位应位于各土层的中间位置，一般每层取1kg左右，不得与上下土层相混。将土样装入袋中用铅笔填写标签，注明地点、剖面编号、剖面深度、该层深度、采集日期及采集人，放入袋中。袋口另拴同样的标签。

2. 土盒样品的采取

根据剖面层次，由下而上逐层采集原状土，挑出结构面，按上下装入标本盒，结构面朝上，每层装一格，每格装满，标明每层深度。在盒盖上写明采集地点、地形部位、植物母质、地下水位、土壤名称、采集日期及采集人。

3. 整段标本的采取

首先用整段标本盒压出盒的轮廓，然后用剖面刀仔细削出与盒的内框体积相等的团体，再把标本盒套上，用铁锹连盒带土一起挖出，削去多余的土壤，封好盖带回室内。

第七节　垂直地带性野外调查

垂直地带性是指自然地理要素和自然综合体大致沿等高线方向延伸，随地势高度、按垂直方向发生有规律的分异。产生垂直地带的必要条件是有足够高度的山地。充分依据是山地水热条件随高度的变化，即温度随高度的增加而降低，以及在一定高度范围内降水随高度的增加而增多，超过这一限度则相反，随高度的增加而减少。两者结合起来，造成了制约植被、土壤生长发育的气候条件也随高度发生有规律的变化，从而产生山地自然地带的垂直更替。只要山地有足够的高度，相对高度差足够大，就可以自下而上形成一系列垂直自然带。所有垂直自然带有规律的排列叫做垂直带谱。可选择一个典型山区从基带开始依次向上考察不同高度地区的地貌、气候、植被、土壤以及自然景观的类型、特点和变化过程。通过实地考察不仅可以了解研究区的垂直带谱，认识垂直分异规律，还可以通过分析垂直自然带中各自然地理要素的相互作用与相互影响认识垂直带谱的产生机制与产生过程。

一、实习地的选择

应选择垂直高差比较大（1 000 ~ 2 000m）的山地，以保证能够依次出现3 ~ 4 个垂直带的交替。水热条件比较好，自然景观保持比较好且垂直分带性比较明显的山地较为理想。

二、实习路线

为了完整地考察和了解实习地区垂直带谱及其在不同坡向上的差异，实习路线可以是南北路线，也可以是东西路线。

三、观察、量测与记录

（一）分组与分工

每5 ~ 6 人为一组，一人负责测量经纬度和高度，一人负责测量温度、湿度，一人负责测量风向和风速，一人负责观察植被的变化，一人负责观察土壤的变化，一人负责记录（见附表17）。

（二）观测内容

找出实习地区几个垂直地带在不同坡向的界限高度，并测量出界限附近的大气与土壤的温度与湿度；测量大气温度与相对湿度随高度的变化梯度（每隔100 米高差，量测一个大气温度与相对湿度）；观测风速风向的变化（在两坡的山麓、山坡、山顶分别测量风速与风向）；在各个垂直地带内，观察并描述一个土壤剖面。

第八节　人文地理学野外实习的基本方法

一、景观观察记录法

景观观察记录法是地理学野外数据获取的基本方法之一。无论是自然地理学，还是人文地理学，野外观察的目的不是植物分类、土壤分类或者宗教分类，而是自然现象和人文现象的空间特点和空间规律，因此野外观察记录的特征应具有空间可把握性。例如，在进行宗教地理学野外调查时，调查者看到宗教仪式、宗教信众和宗教活动场所等，其中空间位置相对稳定的是宗教场所。而这种空间位置相对固定的人类活动必然产生文化景观。由于文化景观是一个实体，所以野外调查者可以记录其位置、建筑大小、辐射范围等，这些都是形态学的特征。这些野外调查的资料可以直接成为研究数据基础，同时也可以成为文献资料的补充。

景观观察记录法可以说是野外考察中最直接的方式。沿途考察速度快、直观性强，可以观察到景观的变化，有利于了解各地区地理特征的差异。它能培养学生发现现象并予以综合分析的能力。景观观察记录法分为宏观的整体观察和微观的个体观察等形式。

（一）人文景观观察

沿途观察是综合地理野外考察最重要的方法之一。通常野外实习旅途时间占总实习时间的 1/6~1/4，可以充分利用这个时间观察和研究沿途的地貌、植被、岩石、土壤、建筑、道路、居民、农作物等自然要素和人文景观。沿途考察直观性强，可以明显地观察到景观的变化和特征，有利于了解各地区的差异。

1. 聚落

从车上可以观察到聚落地理的有关现象，判断聚落的特点、形态和物质外貌。如可以观察城市建筑物景观、交通体系、人群流动特点、商业分布规律、产业空间布局以及城市与郊区的关系、城市生态环境建设等。沿线还可以观察城市产生的地理背景，注意城市临近哪些大河，是否靠近河口或海岸，所处地貌部位是平原、阶地还是山地、谷口，临近有哪些天然或历史纪念物。沿线还可以观察城市的交通辐射状况、交通道路的宽度、房屋建设的形式、主要建筑用材等，通过观察可以加强对城市物质外貌的认知。

乘车对农村聚落进行考察也有重要意义。可以观察农村聚落形成的特点和条件、地理位置、聚落密度以及物质外貌等。特别注意观察农村聚落是集聚还是分散，每个聚落的规模、大约户数，沿线分布的聚落数量与规模，房屋建筑特点、层次与规模以及建筑用材等。

2. 农业

农业是人文地理野外考察的重点。由于乘车穿越的大部分地区为农业地区，几乎到处可以看到农作物生长与分布的情况，还可以看到土地利用方式、耕作现代化水平、灌溉情况、农业发展的状况等。观察沿线农作物分布特点时，要注意不同地形农作物的差异，农作物与水源的关系，城郊农业与远郊农业的关系，农田耕作情况等，从中可以了解农业现代化、产业化和商品化的程度。同时注意林业、牧业的分布特点。

3. 民风民俗

沿途可清楚地观察民族的分布状况及其生产、生活的特点。从行人的服饰、习俗、语言、劳作等观察、了解不同区域人民的建筑、饮食、服饰、节庆等特点。通过对周边自然环境的观察与了解，从中分析其特殊民风民俗产生的原因。

（二）野外景观观察记录步骤

沿途观察的内容很多，要把观察到的地理事物及时记录下来。每个人可准备一张沿途路线图，事先填好主要的车站、河流及重要地理事物，将沿途观察的事物随时填入，就可以绘制一张很好的沿途观察略图。同时，出发前要确定此次考察的目的和主要观察对象，做好相应的前期准备工作，如对将要记录的内容进行分类，设计相应的记录表等，以达到真实、完整、快速地记录下沿途观察到的主要人文事项。主要的记录方法有：

1. 描述法

如何对地理事物进行科学描述反映了我们对地理事物的认识程度，而掌握正确的地理事物描述方法则是我们进行科学描述的前提。地理描述要注意全面、完整，一般涉及事物的位置、高度、长度、宽度、颜色、成分、结构、构造、等级、水平等。

2. 对比分析法

对所观察事物的形态、特性、分布等方面通过对照、比较，探寻事物的共性与个性，分析产生异同的原因，掌握事物演化的客观规律，这不仅是地理学的一种主要研究方法，也是人类认识世界最重要的方法之一。人文地理学的研究对象是社会、人口、经济等要素。由于不同区域有不同的地理要素及其组合，从而形成各具特色的人文景观。因此，通过对各区域自然、经济、社会、历史等方面的对比分析来解析其区域人文景观的产生、形成与演变是野外考察的重要方法之一。

3. 影像法

通过野外摄影和录像，以及野外速写、素描和草图的绘制，可以更完整、更生动、更直接地对人文事项进行记录，特别是图、影、音结合的野外信息记录形式，越来越受到地理工作者的喜爱。随着摄影摄像技术的快速发展，野外影像法可以更加方便、快捷、全面地记录第一手资料，为后期室内的分析留下足够的信息。

二、问卷调查法

问卷调查法是人文社会科学研究者在野外获取资料的重要方法之一，人文地理学野外工作经常采用此法。问卷调查法是指调查者通过统一设计的问卷向被调查者了解情况、征询意见的一种资料收集方法。

（一）问卷分类

问卷主要分为封闭式问卷、半开放或开放式问卷。封闭式问卷由调查者设计好，然后由被调查者填写，或由调查者询问被调查者后帮助填写。后一种填写形式在野外常用，这样可以提高工作效率和填写准确性。半开放或开放式问卷一般有大致的问题指向，没有具体的回答分类项，由被调查者根据自己的认识和经验来回答。

（二）问卷设计

1. 问卷标题
问卷标题应向被调查者简明扼要地展示调查内容。

2. 被调查者权益保护的简要说明
包括调查者身份的展示，以确定可信度；调查数据的使用目的，调查数据使用对被调查者隐私的保护等。

3. 被调查者的属性
被调查者的属性通常包括：性别、年龄、职业、受教育程度、收入等。但是对于人文地理学研究来说，需要有描述这些被调查者空间属性的调查项，例如居住地、工作地或者其他人文活动的空间属性项。

4. 问卷核心调查项

根据研究设计的技术路线，确定调查主要问题类型。例如，影响购物空间行为的因素包括经济因素和社会文化因素两大类，我们可以将两类具体化为调查项。经济因素可以分解为价格因素、性价比因素等；社会文化因素可以分解为消费习惯、宗教禁忌等。

调查问卷的分解是对问卷设计人智力和经验的挑战。好的分解具有以下具体特征：

（1）可以与其他相关调查研究的指标建立对应关系，从而使得本研究的学术根基更深厚。

（2）可以与文献资料建立起联系关系。通常统计年鉴具有层次性、系统性和完整性，而问卷的调查可弥补文献资料的不足。

（3）可以使得调查项具有人群区分度，而不是所有的调查都将指向一个结果。

（4）调查项批次不重叠、不矛盾。

（5）调查项在数据分析框架中应有具体的位置；否则就成为对后续分析无效的调查项。

（6）文字表达通俗、简明、准确、友好。切记不用被调查者不熟悉的学术术语，也不用蔑视、歧视、敏感的话题。将学术抽象定义转化为可视公众理解的"操作定义"也是一个创新的工作，也能体现设计人的智力和经验的差别。

5. 明确定性问题或定量问题

当需要进行后期统计计算时，往往要求有定量的调查项。

第一种定量的调查项是5点量表、7点量表，它们可以将被调查者对某个事物的判断等级从好到坏，从高到低刻画出来。人们又称之为顺序量表、重要性量表等。

第二种定量的调查项是对比表。这种调查项主要针对对比研究来设计。

第三种定量的调查项是数据段选择，例如家庭收入的层次。这样的分段切记不能过于主观，需要有事前的基本调查；否则会出现被调查者之间的差别体现不出来。

定性的问题也常常是必要的，因为它可以帮助我们突破经验的局限。即便再有经验的研究者也不可能在室内将所有方面考虑全面，开放式的定性问题也是非常必要的。还有一种调查问题是用于分析回答者认识含混程度的问题。在问卷不同位置将同样指向的调查项以正反两方面问，如果发现回答有出入，就说明被调查者对问题没有清晰的感知，也可以剔除一些不认真的被调查者。

6. 简单且诚挚的致谢语

如果时间允许，严格意义上需要首先有一个检验性的问卷调查，即在实际调查地点对问卷设计的适用性进行检验，以剔除没有意义的"废"调查项。

三、访谈法

访谈法也称访问调查法，就是访问者通过口头交谈等方式直接向被访问者了解社会情况或探讨社会问题的调查方法。

（一）访谈的类型

以访问调查内容划分为标准化访谈和非标准化访谈；以访谈调查方式划分为直接访谈和间接访谈；以访谈对象人数划分为个体访谈和集体访谈；以访谈的深度划分为一般性访谈和深度访谈。实际运用的访谈可能会具有不同分类的组合属性，例如某次访谈既是深度访谈、非标准化访谈，又是个体访谈。

1. 标准化访谈

标准化访谈也称结构性访谈，就是按照统一设计的、有一定结构的问卷所进行的访问。这种访问的特点是：选择访问对象的标准和方法，访谈中提出的问题，提出的方式和顺序，以及对被访问者回答的记录方式等都是统一设计的，甚至连访谈的时间、地点、周围环境等外部条件也力求保持基本一致。标准化访谈的最大好处是便于对访问结果进行统计和定量分析，便于对不同被访问者的回答进行对比研究。但是，这种访问法缺乏弹性，难以灵活反映复杂多变的社会现象，难以对社会问题进行深入探讨，同时也不利于充分发挥访问者和被访问者的积极性、主动性。

2. 非标准化访谈

非标准化访谈也称非结构性访谈，就是按照一定调查目的和一个粗线条的调查提纲进行的访谈。这种访谈法对访谈对象的选择和访谈中所要询问的问题有一个基本要求，但可根据访谈时的实际情况做必要调整。非标准化访谈有利于充分发挥访谈者和被访谈者的主动性、创造性，有利于适应千变万化的客观情况，有利于调查原设计方案中没有考虑到的新情况、新问题，有利于对社会问题进行深入的探讨。但是，这种方法对访谈者的要求较高，对访谈调查的结果难以进行定量分析。

3. 直接访谈

直接访谈就是访谈者与被访谈者进行面对面的访谈。这种访谈法又可分为"走出去"和"请进来"两种具体方式。"走出去"就是访谈者走到被访谈者中间去，就地进行访谈；"请进来"就是将被访谈者请到访谈者安排的地方来，然后再进行访谈。

4. 间接访谈

间接访谈就是访谈者通过电话、网络、发放书面问卷等中介形式对被访谈者进行访谈。传统的电话访问就是按照样本名单选择一个调查者，拨通电话，询问一系列的问题。在发达国家，特别是在美国，集中在某一中心地方进行的计算机辅助电话访问比传统的电话访问更为普遍。

5. 深度访谈

深度访谈是一种无结构、直接的、个人的访谈。在访谈过程中，一个掌握高级技巧的调查员深入地访问一个被调查者，以揭示其对某一问题的潜在动机、信念、态度和感情。比较常用的深度访谈技术主要有三种：阶梯前进、隐蔽问题寻求以及象征性分析。深度访谈主要用于获取对问题的理解和深层次了解的探索性研究。

（二）个体访谈法中的技巧

1. 接近被访问者的技巧

接近被访问者的第一问题是如何称呼的问题。称呼恰当，就为接近被访问者开了一个好头；称呼不当，就会闹笑话，甚至引起对方的反感，影响访问的正常进行。接近被访问者大体上有几种可供选择的方式：

（1）自然接近，即在某种共同活动过程中接近对方。这种接近方式是访问者有心、被访问者无意，它有利于消除对方的紧张、戒备心理，有利于在对方不知不觉中了解到许多情况。但是，在公开说明来意之前，很难进行深入系统的访谈。

（2）求同接近，即在寻求与被访问者的共同语言中接近对方。

（3）友好接近，即从关怀、帮助被访问者入手来联络感情、建立信任。

（4）正面接近，即开门见山，先进行自我介绍，说明调查目的、意义和内容，然后做正式访谈。这种方式有些简单、生硬，但可节省时间、提高效率。在被访问者没有什么顾虑的情况下，一般可采用这种方式。

（5）隐藏接近，即以某种伪装的身份有目的地接近对方，并在对方没有觉察的情况下访谈。这种接近方式一般只有在特殊情况下、对特殊对象才采用。滥用隐藏接近方式，难免有违背社会公德之嫌，甚至有可能引起严重的社会、法律问题。

2. 提问的技巧

访谈过程中提出的问题可分为两大类，即实质性问题和功能性问题。所谓实质性问题是指为了掌握访问调查所要了解的情况而提出的问题。它大体上可分为四类：事实方面的问题，行为方面的问题，观念方面的问题，感情、态度方面的问题。所谓功能性问题，是指在访谈过程中为了对被访问者施加某种影响而提出的问题。它也可分为四类：

（1）接触性问题。提出这些问题的目的，不是了解这些问题本身，而是为了比较自然地接触被访问者。

（2）试探性问题。提出这些问题是为了试探一下，看访谈对象和时间的选择是否恰当，以便决定访谈是否进行和如何进行。

（3）过渡性问题。有了过渡性问题，访谈过程就会显得比较连贯和自然。

（4）检验性问题。提出这种问题的目的是为了检验前一个问题的回答是否真实、可靠。

3. 边听边思考

访谈过程中，应该是有效地听。它大体上包括三个步骤：

（1）接受和捕捉信息，即认真听取被访问者的口头回答，积极主动捕捉一切有用的信息，包括各种语言信息和非语言信息。

（2）理解和处理信息，即正确理解接受捕捉到的信息，及时做出判断或评价，舍弃无用信息，保留有用信息和存疑信息。

（3）记忆或作出反应，即记忆有用信息，并考虑被访问者的回答，特别是对其中存疑信息作出何种反应。

4. 学会引导和追询

访谈过程除了提出问题和听取回答外，有时还需要引导和追询。

当访谈遇到障碍不能顺利进行下去或偏离原订计划的时候，就应及时引导。例如，当被访问者对所提出问题理解不正确，答非所问的时候；当被访问者顾虑重重、吞吞吐吐、欲言又止的时候；当被访问者口若悬河、滔滔不绝，而又不着边际、离题太远的时候；当访谈过程被迫中断、又重新开始的时候；等等。

追询不同于提问，也不同于引导。正面追询指对回答不真实、不具体、不准确、不完整的地方，请对方补充；侧面追询即调换一个角度、一个提法问相同的问题；有系统追询，即追问何时、何地、何人、何事、何因、何果等；有反感追询，即激将追询，看看在这种情况下对方作何表现。追询一定要适当、适时、适度。

5. 访谈结束的礼数

访谈结束应该注意两个问题：一是要适可而止，即每次访谈时间不宜过长，一般以一两个小时为宜，特殊情况则灵活掌握。访谈必须在良好气氛中进行。二是要善始善终，即在访谈结束时表示感谢和友谊，真诚感谢被访问者对调查工作的支持与帮助。

第三章　重庆地区综合地理概况

第一节　地理位置及行政区划

一、自然地理位置

（一）经纬度位置

重庆位于长江上游三峡库区，四川盆地东部，跨东经 105°17′～110°11′，北纬 28°10′～32°13′。从荣昌县远觉镇西缘到巫山县东端月池，东西横宽约 470km；从城口县北端齐心到秀山土家族苗族自治县兰桥乡，南北纵贯约 450km。面积 82 403km²，在全国省、自治区、直辖市中居第 26 位，见图 3.1。

图 3.1　重庆地理位置示意图

重庆地处中纬度地区，为亚热带湿润季风气候。与同纬度其他地区相比，具有冬暖夏热、热量丰富、雨量充沛、无霜期长，云雾多而日照少，光、热、雨同期的特点。气候资源的优势，为提高复种指数、发展农业生产提供了优越的气候条件。也存在日照少、多伏旱、秋阴雨、雾日多的不利条件。

（二）地处长江上游三江交汇地带

重庆境内北有嘉陵江、南有乌江汇入，水运发达。著名的长江黄金水道贯通境内东、中、西三大经济地带。干支流交汇处形成鱼洞、重庆、涪陵、丰都、忠县、万州、奉节、巫山等港口。

（三）位于二三级阶梯的自然过渡地带

在全国自然环境中，重庆处于四川盆地东部，是盆地与长江中下游平原的过渡地带。在地貌构成上，最典型的特征是山多河多峡谷多。自然区域过渡地带的地理位置，决定了重庆地形以山地丘陵为主，山脉连绵、河谷纵横，自然资源丰富。地貌类型复杂多样，有利于因地制宜发展多种经营。相对高度相差大，导致水热等自然因素的垂直分异明显，大小河谷纵横交错，形成了丰富多样的自然资源，有利于立体自然生态、立体农业的开发建设。

过渡性区位形成了多样化的自然环境条件，有数千种维管植物和国家级保护植物，有数百种动物资源和多种国家级保护珍稀动物。优越的自然环境和丰富的自然资源为重庆的经济发展提供了坚实的物质基础。

自然区域的过渡性区位，必然制约着人文社会发展和区域经济发展具有过渡特点。从历史上看，重庆地区历来就是人口西移、开发重心西移的过渡地带。如巴人的西进、两湖地区人口的西迁等。在现代建设中，重庆地区过渡地带的地理位置也具有极其重要的战略地位。

二、经济地理位置

（一）全国战略后方的中心地位

在全国地域中，从巴人的巴国之都到大夏国之都，再到抗战时期的陪都，重庆均以西南重镇而名闻天下，尤以抗战时战略后方的地位最显著。新中国成立以来，重庆一直是国家国防三线建设的重点地区之一。在现代化建设中，重庆的地位日渐明朗，随着遂渝铁路、兰渝铁路、渝怀铁路、万宜铁路、汉渝铁路等放射性交通干线的建成，重庆成为联络东西、贯通南北的重要交通枢纽。

（二）地处我国中西经济地带的结合部

重庆是东部经济发达区和西部资源富集地区的结合部。重庆之东是我国经济发达和较为发达的中部和东部地区，重庆之西是经济发展较慢的西部地区。重庆的结合区域位置，具有承东启西、左右传递的枢纽作用。它是交通、物质、文化、技术、信息和经济交流的中转站，是沿海经济向内陆腹地延伸的依托点，是我国经济发展向西进行战略转移的支撑点。重庆的结合部区域位置将为中西部的联系与合作提供新的空间和突破口。重庆的发展，将对西部经济带的发展起着十分重要的推动和带动作用。

（三）长江上游的经济中心

重庆位于长江经济带的末端，具有与"龙头"呼应配合的作用和对西部地区的示范作用。万里长江由西向东，连接四川盆地、两湖平原、江淮大地和富饶的长江三角洲。我国的经济发展战略，第一步完成了沿海经济带的发展，第二步就是推动长江经济带的发展。以上海为中心的长三角经济协作区是这条经济带的"龙头"；以武汉为中心的"龙身"也发展迅速；作为"龙尾"的重庆正在奋起，促进整个经济带的腾飞。由于具有向西辐射并带动西南区域共同发展的作用，国家明确提出，把重庆建设成为长江上游的经济中心。

（四）三峡库区最大的城市和经济中心

重庆处于三峡库区的末端，是库区最大的城市和经济中心。重庆不但要带动库区其他中小经济中心的发展，还要带动整个库区的发展。三峡库区地处于山区，贫困人口多是阻碍本地经济发展的重要因素。因此，山区贫困人口的脱贫致富成为了中心城市的重要任务之一。重庆由此成为全国大城市带大农村的典型地区。同时，三峡库区末端的水域位置也使库区水体污染的防治和生态环境的建设成为重庆重要的工作之一。

三、行政区划沿革

历史上重庆曾三次建都。公元前1066年，建立巴国国都；公元1351年改建夏国国都；1940年9月6日，国民政府发布命令，定重庆市为"中华民国陪都"。

1929年2月15日，重庆正式建市，人口23万余人。此前，重庆历经"商埠办事处"、"商埠督办处"、"市政公所"和"市政厅"几个阶段。建市以后，重庆因其特殊的地理位置，曾被列为直辖市。1937年抗战爆发后，国民政府依据其颁布的《特别市组织法》，改重庆市为"直隶于行政院之市"，即直隶于中央政府的直辖市。新中国成立后，经中共中央政务院批准，1950年7月27日至31日，西南军政委员会在重庆召开首次全委会，标志了西南军政委员会成立并正式行使职权。西南军政委员会所辖区域为云南、贵州等3省和川东、川南等4行署以及重庆直辖市等。1953年2月28日，根据中央人民政府决定，西南行政委员会成立，前西南军政委员会同时撤销。西南行政委员会仍驻重庆，辖重庆直辖市和4个省。1953年3月12日，中央人民政府政务院发布《关于改变大行政区辖市及专署辖市的决定》，将各专署改为省人民政府的派出机关。同时，将重庆等10个大行政区直辖市，一律改为中央直辖市。1954年6月19日，中央人民政府委员会决定，撤销大区一级行政机构，将重庆等11个中央直辖市均改为省辖市。同年7月1日，重庆市正式并入四川省建制。

新中国成立后，重庆市进行了10余次区划调整。1983年3月3日，国务院批准四川省永川地区所辖8个县全部并入重庆市。1994年，经四川省人民政府同意并报国务院批准，重庆市进行了新中国成立以来最大一次行政区划调整，扩大了7个区的行政区域。区划调整后，重庆市市区面积扩大，在全国大城市中居首位。1997年3月14日，第八届全国人民代表大会第五次会议批准设立重庆直辖市。重庆成为世界上人口最多、面积最大、农民最多的一个直辖市。

四、2012年行政区划

现重庆市辖区面积82 403km^2，下辖38个行政区县（自治县）。有19个区（万州区、涪陵区、渝中区、大渡口区、江北区、沙坪坝区、九龙坡区、南岸区、北碚区、綦江区、大足区、渝北区、巴南区、黔江区、长寿区、江津区、合川区、永川区、南川区);19个县(自治县)(潼南县、铜梁县、荣昌县、璧山县、梁平县、城口县、丰都县、垫江县、武隆县、忠县、开县、云阳县、奉节县、巫山县、巫溪县、石柱土家族自治县、秀山土家族苗族自治县、酉阳土家族苗族自治县、彭水苗族土家族自治县)。重庆以主城区为依托,各、县(自治县)形如众星拱月,构成了大、中、小城市有机结合的组团式、网络化现代城市群,是中国目前行政辖区最大、人口最多、管理行政单元最多的特大型城市,见图3.2。

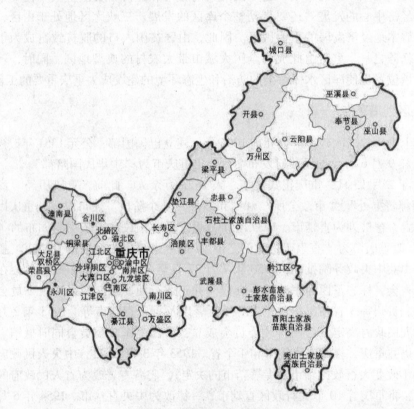

图 3.2　重庆市行政区划

注:2012 年万盛区和綦江县合并设立綦江区,双桥区和大足县合并设立大足区。

第二节　区域自然地理概况

一、地质背景

根据重庆市岩石地层在地域分布、岩石组合、岩浆作用、变质作用等方面具有的不同特征,从而划分出了两个Ⅰ级地层区、五个Ⅱ级地层分区及八个Ⅲ级地层小区。其总的特征为:扬子地层区(台区)的褶皱基底由青白口系板溪群组成;南华系为冰水、冰碛、冰筏复陆屑沉积建造；震旦系——中三叠统主要为海相台地型建造序列；晚三叠世以来发育大型陆相盆地沉积。无岩浆岩出露，青白口系、南华系遭受过浅变质作用。巴颜喀拉秦岭地层区（槽区）以青白口系龙潭河组组成褶皱基底；南华系为含火山碎屑的复陆屑沉积建造；震旦纪——寒武纪以冒地槽型沉积为主。该区普遍遭受了区域低温动力浅变质作用，在岩浆岩侵入带和断裂构造带中还发生接触变质和动力变质作用。

地壳运动方面：北部槽区以印支运动为主（定型）；台区盖层除其北缘部分为印支褶皱定型、渝东南为燕山褶皱定型外，其余大部均为喜马拉雅褶皱定型。新生代以来的新构造运动主要表现为间歇性抬升、表层扭动及断裂活动。

构造方面：根据构造形态及其在空间的分布特征，划分出了四个Ⅱ级构造单元，四个Ⅲ级构造单元和十个Ⅳ级构造单元。其总的构造面貌为：渝东北构造线多为北西向，渝东南为北北东向城垛状褶皱，渝西小部为舒缓背斜、穹隆与向斜，其余大部分地区则表现为北北东—北东向梳状褶皱。

（一）地层区划分

重庆市地层区划分为两个Ⅰ级地层区（场子合区和巴颜喀拉秦岭槽区），五个Ⅱ级地层分区及八个Ⅲ级地层小区。现将Ⅱ级地层分区的基本特征简述如下：

扬子区（台区）中

Ⅱ1. 大巴山分区（仅包括渝、陕、鄂接壤附近的一个巫溪小区）。其特点是：①为南华系至三叠系分布；②震旦系及下古生界较发育，缺失志留系上统、顶统；③上古生界缺失泥盆系、石炭系，二叠系以碳酸盐岩为主，上统含煤；④三叠系以碳酸盐岩为主，上统为碎屑岩。

Ⅱ2. 四川盆地分区（包括万州和荣昌两个小区）。其特点是：①侏罗系发育完整，白垩系亦有零星分布；②二叠系、三叠系发育完整，主要分布于盆地边缘山麓或背斜核部，上二叠统、三叠系均呈显著的东西相变；③大部分地区泥盆系和石炭系剥蚀殆尽；④古近系、新近系缺失；⑤第四纪河流沉积相发育。

Ⅱ3. 八面山分区（仅包括渝、鄂接壤附近的一个巫山小区）。其特点是：①出露地层最老为下志留统；②缺失上、中志留统及下、中泥盆统，上泥盆统为碎屑岩，缺失石炭系，二叠系以碳酸盐岩为主；③中生界三叠系下统以碳酸盐岩为主，中三叠统为紫红色碎屑岩及泥质灰岩，上三叠统为碎屑岩。

Ⅱ4. 黔北川南分区（包括酉阳、南川、秀山三个小区）。其特点是：①古生界发育良好，分布广泛，缺失上、中志留统；②青白口系为巨厚的浅变质碎屑岩及火山岩（板溪群）；③南华系为冰川或冰水沉积；④震旦系为炭质页岩、粉砂岩、硅质岩、碳酸盐岩；⑤泥盆系、石炭系有零星出露，泥盆系下统缺失，石炭系仅存部分中统；⑥古生界及三叠系存在相变；⑦侏罗系、白垩系部分地区残存。

巴颜喀拉秦岭区（槽区）中

Ⅱ5. 东秦岭分区（仅包括渝、陕接壤的城口小区）。其特点是：①最老地层青白口系，最新地层为寒武系上统；②南华系为含火山碎屑的复陆屑杂砂岩，震旦系以硅质岩、板岩为主，夹白云岩质灰岩；③寒武系下统下部以炭质、硅质板岩为主，上部以灰岩为主夹硅质岩、板岩及石煤，中、上统为碳酸盐岩偶夹炭质板岩及石煤；④有少量基—超基性岩浆岩分布；⑤该区普遍遭受了区域动力浅变质作用。

（二）沉积岩特征

1. 青白口系

主要分布于渝东北的城口小区和渝东南的酉阳小区、秀山小区，出露地层为龙潭河组、板溪群，主要为变质岩。

2. 南华系

分布于渝东南的酉阳小区、秀山小区和渝东北的巫溪小区、城口小区，仅出露上统，明月组、代安河组、木座组、千子门组、大塘坡组、南沱组等沉积岩为主。

3. 震旦系

陡山沱组、灯影组为主，沉积变质相。

4. 寒武系

主要出露分布于渝东南的南川小区、酉阳小区、秀山小区和渝东北的巫溪小区、城口小区。

5. 奥陶系

分布于渝东南的南川、酉阳、秀山小区及渝东北的巫溪小区。

6. 志留系

分布于渝东南的南川、酉阳、秀山小区及渝东北的巫山小区、巫溪小区。下、中统较为发育，中统上部及上统、中统在区内缺失。

7. 泥盆系

泥盆系在区内零星出露，分布于巫山、酉阳、秀山小区，下统及部分中统缺失。

8. 石炭系

在重庆市范围内出露极为有限，上统、下统及中统的一部分均缺失，区域内仅在秀山一带见部分中统威宁组出露。

9. 二叠系

在扬子地层区中均有出露，地层发育齐全。下统（P_1），梁山组（P_{1l}）3～21m。中统（P_2），栖霞组（P_{2q}）27～300m、茅口组（P_{2m}）80～250m。上统（P_3），龙潭组（P_{3l}）126～143m、长兴组（P_{3c}）63～86m。

10. 三叠系

在扬子地层区中均有出露，发育齐全。下统（T_1），飞仙关组（T_{1f}）380～480m、嘉陵江组（T_{1j}）300～800m。中统（T_2），雷口坡组（T_{2l}）0～400m。上统（T_3），须家河组（T_{3xj}）250～650m。

11. 侏罗系

分布于荣昌、万州小区和酉阳小区的北部，出露地层有珍珠冲组、自流井组、新田沟组和沙溪庙组，见表3.1。

表 3.1 　　　　　　　　　　　　　　　　侏罗系划分对比表

四川省区域地质志 （1991）		四川省地层多重划分对比研究报告 （1994）		重庆市地质图说明书 （2002）		
四川盆地（川东）		重庆—酉阳分区	达县分区	荣昌小区	万州小区	酉阳小区
J_3	蓬莱镇组	J_3	蓬莱镇组		蓬莱镇组	
	遂宁组		遂宁组		遂宁组	
J_2	上沙溪庙组	J_2	沙溪庙组		沙溪庙组	
	下沙溪庙组					
	新田沟组		新田沟组		新田沟组	
J_1	自流井组 大安寨段	J_1	自流井组 大安寨段	自流井组	大安寨段	
	马鞍山段		马鞍山段		马鞍山段	
	东岳庙段		东岳庙段		东岳庙段	
	珍珠冲组		珍珠冲段		珍珠冲组	

12. 白垩系

主要分布于荣昌小区，在酉阳、黔江一带的向斜核部有零星出露。下统（K_1），窝头山组（K_{1w}）100～560m。上统（K_2），正阳组（K_{2z}）0～120m。

13. 第四系

为河流阶地、河漫滩等堆积物。

（三）岩浆岩

区内岩浆岩不够发育，多分布于城巴断裂带以北的地槽区，其类型有侵入岩和火山碎屑岩两类。

（四）变质岩

变质岩主要分布于城巴断裂带以北的南秦岭褶皱系北大巴山冒地槽和渝东南秀山穹隆中，可分为区域变质岩、接触变质岩及动力变质岩（构造岩）三类。后两类的产出与分布受侵入体和断裂构造的严格控制。

（五）构造单元基本特征

1. 扬子准地台（Ⅰ1）

北以城巴断裂带与秦岭地槽褶皱系分界。

区域内扬子准地台的基底仅出露了褶皱基底。在陆核内部发育有裂陷形成的冒地槽，沉积物以板溪群为代表。800Ma 左右的晋宁运动使地槽褶皱回返，形成了扬子准地台。

地台盖层内，下古生界具有稳定型建造组合特征。加里东运动使大部分地区抬升，故这些地区大多缺失泥盆系、石炭系、二叠系下统。早二叠世台区整体下沉，处于潮间—潮上环境；中、晚三叠世间的印支运动结束了海相沉积历史，从此进入陆相沉积阶段。喜马拉雅期，台缘褶皱带普遍发生了前陆逆冲推覆，同时盆地发生隐伏滑脱，不少断裂发生走向滑移，在断裂两侧形成扭动构造。

2. 秦岭地槽褶皱系（Ⅰ2）

西以玛沁—略阳断裂带与松潘—甘孜地槽褶皱系分界，南以城巴断裂带与扬子准地台为邻，重庆市范围内仅为北大巴山印支褶皱带南缘。

（六）地质构造发展简史

重庆地质构造发展史从老到新可划分为中元古代—新元古代早期扬子准地台褶皱基底形成，南华纪—三叠纪槽台分野和侏罗纪—第四纪陆内改造3个阶段。

1. 中元古代—新元古代早期

扬子准地台基底形成阶段〔晋宁期：距今约1 400~800百万年（Million Anniversary，Ma）〕。由于晋宁运动及同期区域动力变质作用，岩层全部变形、变质，形成全形褶皱和以板岩、变余杂砂岩为代表的单相变质岩，构成了该区的褶皱基底。

2. 南华纪—三叠纪

槽台分野阶段（距今800~205 Ma）。本阶段按地质发展的特点可分为南华纪（澄江期）、震旦纪—志留纪（加里东期）、泥盆纪—中二叠世（华力西期）和晚二叠—三叠纪（印支期）4个发展时期。

3. 侏罗纪—第四纪

陆内改造阶段（距今205 Ma以后）。

（1）侏罗纪—白垩纪发展时期（燕山期：距今205~65 Ma）

晚三叠世末至早侏罗世初，印支运动使北部槽区普遍发生褶皱回返，台区则海水全部退出，成为大型红色内陆盆地，气候转为炎热干旱。中侏罗世有一次明显的水退过程，使湖底普遍露出水面遭受侵蚀。随后湖盆相对下降，广大地区处于浅湖—滨湖—河流—洪泛盆地环境，沉积物为灰绿、紫红色长石石英砂岩、泥岩及深灰色砂页岩。晚侏罗纪本区处于相对宁静的构造环境中，属干旱条件下的洪泛—河流环境，广泛沉积了鲜红色的多韵律砂泥岩。

白垩纪时期，本区大面积上升，处于风化剥蚀区。燕山运动在槽区表现为差异性的升隆运动；在台区则使白垩纪以前的较老地层发生褶皱，形成该区的北北东向褶皱构造。

（2）新生代发展时期（喜马拉雅期：距今约65 Ma）

喜马拉雅期，本区的古地理环境仍为风化剥蚀区，无古近纪、新近纪的沉积记录。喜马拉雅运动对该区影响强烈。在大巴山区，使印支期萌芽的逆掩推覆构造经燕山、喜马拉雅运动而得到进一步发展；在台区则使经燕山运动形成的褶皱发生改造。

二、地貌特征及演化

重庆地处我国四川盆地东部，属我国陆地地势第二级阶梯。其东北部雄踞着大巴山地，东南部斜贯有巫山、大娄山等山脉，西部为红色方山丘陵，中部主要为低山与丘陵相间排列的平行岭谷类型组合。各构造体系不同的岩层组合，差异性很大的构造特征和发生、发育规律，塑造了复杂多样的地形地貌形态。

（一）地貌类型复杂多样，以山地丘陵为主

重庆地貌形态类型可分为中山、低山、丘陵、台地、平原等五大类。重庆中山、低山面积达 24 136km²，占全市总面积的 75.9%；丘陵面积为 10 426km²，占 17%；平原面积仅 1 971km²，占 2.39%，从而构成以山地为主的地貌形态类型组合特征，见表3.2。

表3.2　　　　　　　　　　　重庆市地貌形态类型

类别	平原	缓丘	低山	中丘	高丘	台地	低山	中山	总计
面积（km²）	1 970.75	393.69	3 735.21	4 585.86	5 839.86	2 943.36	19 876.17	4 259.61	82 334.93
%	2.39	0.09	4.53	5.56	7.09	3.57	24.14	51.72	100.00

资料来源：陈升琪，等. 重庆地理［M］. 重庆：西南师范大学出版社，2003：24.

1. 中山

主要分布于重庆的东北部和东南部。前者由巴山、帽含山、天子山、墨紫山、龙池山、磨盘山、天池山等组成大巴山地，是重庆与陕西、湖北的界山。山脊线因受地质构造控制，由北西向逐渐转向近东西向呈弧形平行伸展。山岭海拔均在 1 500m 以上，其中巫山县、巫溪县交界处的天池山主峰阴条岭高达 2 793.8m，为重庆的最高山峰。巫山、大娄山山系构成重庆市东南边缘山地，是重庆与鄂、湘、黔的界山。主要有方斗山、七曜山、巫山、普子山、八面山、金佛山等山脉，以金佛山风吹岭海拔 2 251m 为最高。山脊线多呈北东—南北向伸延，向北穿越长江与大巴山地交汇于巫山县境内，形成以巫山为扇顶，向西作扇形张开展布的地貌结构特征。

中山按其成因可分为复背斜构造中山、背斜构造中山、侵蚀剥蚀中山等类型。复背斜中山组成了大巴山地的主体，主要有插旗山、磨盘山脉等。前者海拔在 2 000m 以上，主峰光头山海拔达 2 686m，是东、西溪河的分水岭。磨盘山脉横贯于大巴山地的中部，海拔低于 2 000m，唯在开县境内主峰高为 2 270m。上述山脉主要由灰岩构成山体，经喀斯特作用后，溶蚀洼地、漏斗、干谷等次一级地貌形态叠置其中。背斜构造中山主要有方斗山、七曜山等。方斗山东北起云阳县城长江两岸，向南沿长江东侧经万州、石柱、丰都、涪陵、武隆直至南川县，长度超过 300km，海拔最高的磨槽湾 2 033.3m，菜子坪 2 019.9m。七曜山北起巫山中部金坪山乡，向西南斜贯于奉节县南部，后插入湖北省利川境内，再进入石柱县、丰都、武隆，止于贵州省道真县，全长 300 多 km，海拔 1 600～1 800m，最高脊线位于南段夹壁（1 988.3m）、毛笔架（1 922.6m）、双尖堡（1 876.5m）。侵蚀、剥蚀中山，主要由向斜构造经侵蚀、剥蚀作用后形成的，海拔一般高于背斜构造中山，称为倒置地形。该类中山主要分布于长江以南地区。金佛山分布在黔渝边界的南川县境内，山体为二迭系灰岩和志留系页岩组成，呈南北向展布，海拔 1 000～2 000m，主峰风吹岭为 2 251m。四面山位于江津市南部，为白垩系上统夹关组砖红色砂岩及薄层页岩组成。四面山由南向北逐级降低，具有层状结构，主峰轿子山海拔 1 751m。其山体在红色砂岩基础上形成，形态特征为顶陡、谷深、坡陡、瀑多，故称为丹霞地形。

2. 低山

低山面积占全市面积的24.14%。

背斜构造低山，长江左岸地区自东向西有精华山（铁凤山）、黄草山、明月山、铜锣山、龙王洞山、中梁山、缙云山、九峰山、巴岳山、花果山、黄瓜山、箕山及螺观山等。长江右岸地区主要有丰盛山、桃子荡山、南龙山、真武山及石龙峡山等。上述背斜构造低山，其特征有：从展布规律看，深受其地质构造控制，山文线与构造线相吻合，多为北北东、北东向，并成弧形向西南撒开，相互平行伸展，反映梳状褶皱特征。从山体海拔高度看，主峰自北1 000m左右（黄草山1 035m、明月山1 183m）向南至长江河谷为500～600m。从山体形态看，受其岩性的控制，若以三迭系须家河组砂岩为轴部的山岭，呈"一山一岭"形态，山岭受横向裂隙和沟谷分割，常成锯齿岭脊；若山体核部为三迭系嘉陵江组灰岩组成，则沿着构造线方向发育长条状、谷底低平的喀斯特槽谷，两侧被须家河组构成的单斜山岭夹持，呈"一山一槽二岭"形态；若山体核部为二迭系上统及三迭系飞仙关组灰、页岩组成背斜山岭，则多呈"一山二槽三岭"形态景观。这种在隔挡式地质构造和灰岩条带状分布条件下，山体中发育喀斯特槽谷为我国特有的地貌景观，故有人曾称为"川东式"背斜构造低山。

侵蚀、剥蚀低山指向斜构造经流水侵蚀、剥蚀形成的仰舟状或桌状山地。主要分布于长江右岸的巴南、綦江、江津、涪陵等地区，主要有老店子（海拔713m）、新房子（海拔641.8m）、太和山（海拔655m）、天马山（海拔1 100.9m）、香炉山（海拔934m）、石庙山（海拔1 064m）等。侵蚀、剥蚀低山特征为：①山体受地质构造控制，大部呈南北向展布。海拔由南向北逐渐降低，即由南部海拔1 000m左右至长江沿岸降为500～600m。②山体海拔均高于两侧背斜构造低山100～200m，呈地形倒置现象。③山体由白垩系夹关组和侏罗系蓬莱镇组、遂宁组砂、泥岩组成。差别侵蚀的结果使山坡多呈阶梯状，阶梯的级数和高度取决于砂岩的层次及厚度。④山顶地势较平缓，常有锥状、桌状残丘点缀其上。

单斜构造低山主要分布于长江以南的綦江、涪陵、武隆等地区，多为侏罗系上、下沙溪庙组及须家河组砂、泥岩组成。其共同特征是：①山脊线与构造线相吻合，多为砂岩构成长垣状山岭。若岭脊被横向沟谷分割，则成锯齿状山岭。②山体形态受岩性和岩层倾角控制，顺倾坡与岩层倾角基本一致，形态呈单面山或猪背脊。

喀斯特低山主要分布于南部和东南部的綦江、万盛、酉阳、秀山等地。綦江、万盛等地的喀斯特低山由二迭系及三迭系灰岩、夹泥岩构成山体，为峰丛、洼地、漏斗等组合形态，海拔700～900m。秀山、酉阳等地的喀斯特低山为寒武、奥陶系灰岩组成，海拔700～900m，顶面溶蚀残丘、峰丛密布，比高40～60m，丘间洼地发育，无明显山脊线。

3. 丘陵

丘陵面积有10 424.6km²，占全市面积的17.27%。丘陵按其形态可分为缓丘、低丘、中丘和高丘。据成因又可分为水平构造丘陵、单斜构造丘陵、侵蚀—剥蚀丘陵和剥蚀—残积丘陵等类型。

水平构造丘陵主要分布于岩层倾角小于7°的向斜构造轴部附近地区及疏缓褶皱地区。按其形状可分为台状及方山式两种。台状丘陵丘顶平缓，沟谷分割不深，呈波状起伏，俗称"坪"或"寨子"。方山丘陵丘坡陡峻，多为阶梯状，风化剥落及重力崩塌严重。

单斜构造丘陵主要分布于背斜构造山地的两侧，由侏罗系砂泥岩或灰岩组成，海拔400～500m。山体形态因砂、泥岩互层，抗蚀力悬殊，泥岩出露地区常发育次成谷，砂岩则成单面山或猪背脊的硬盖。单斜构造丘陵多沿构造线展布，常有数列平行排列，其列数取决砂岩的层次，即一层砂岩一列单斜构造丘陵。它的高度向背斜山地逐渐升高，从低丘、中丘至高丘，呈迭瓦式组合。

剥蚀—侵蚀丘陵系指由硬、软岩构成的单斜构造丘陵或方山式丘陵，在硬盖被蚀，丘体泥、页岩进一步被剥蚀后，其高度降低，形状多呈锥状或馒头状，坡形多为凹坡。剥蚀—侵蚀丘陵因流水剥蚀导致丘坡不断后退，丘体日益缩小，丘间谷地接受堆积逐渐扩宽、展平。故就地区而言丘体总面积小于丘间谷地的面积，比高小于20m，多呈圆锥形，坳谷发育，常称"缓丘带坝"。

4. 平原（平坝）

重庆平原面积很小，仅1 970.7km²，占全市总面积的2.39%。平原按其成因可分为冲积—洪积平原、剥蚀—残积平原、喀斯特平原及湖成平原四种类型。冲积—洪积平原主要由长江、嘉陵江、涪江等河流的一、二级阶地构成，海拔200～250m，相对高度20～40m。其地势低平，供水条件较好，原长寿、涪陵、丰都、云阳、忠县、奉节、巫山等县城均坐落其上。但三峡水库建成之后原县城均被淹没。

剥蚀—残积平原系指基岩残丘及坳谷组合形态，比高小于10m。它们均分布于次成谷分水岭的现代河谷尚未达到裂点以上的地区，例如长寿渡舟、双龙，垫江的澄溪铺、垫江县城、龚家坝，沙坪坝区的白市驿等地。

喀斯特平原主要是长江以南的灰岩地区，其中面积较大的有秀山坝、龙潭坝及小坝、酉坝等。秀山平原位于秀山县城一带，呈北东向展布，海拔340～380m，长达34km，最宽处为10km。该平原系在寒武系灰岩溶蚀的基础上，由喀斯特残积物和河流冲洪积物组成。秀山平原地势平缓，是重庆市最大的喀斯特平原，故有"小成都平原"之称。

湖积平原位于梁平县城，海拔430～460m，面积达138.75km²，为重庆最大平原。梁平平原地处假角山背斜南西倾没端龙溪河向斜交汇处，原为一构造成因的山间盆地湖泊，后经多次河流、湖泊交替堆积而成平原。其堆积物为灰色、浅灰色、黄灰色炭质黏土、砂黏土、泥炭层交替组成，最厚可达55.4m。

（二）层状地貌明显，地貌灾害频繁

1. 地势高差大，层状地貌明显

重庆地区就地势而言，最高处为东北部巫溪县境内的天池山主峰阴条山，海拔2 793.8m；最低在巫山县碚石鱼溪口，长江平水位的海拔仅73.1m，相对高差达

2 720.7m。若以山的海拔而言，北部大巴山地主峰大都在 2 000m 以上，向南降至 1 200～1 500m，东南部山岭一般在 2 000～1 200m。按其地势等级而言，海拔 500m 以下的面积占全市总面积的 38.61%，500～800m 占的 25.42%，800～1 200m 的占 20.38%，1 200m 以上的占 15.57%。

由于地貌发育阶段的差异和新构造运动间歇性抬升的结果，导致重庆地貌层状现象明显，属夷平面或剥夷面的残存面。各地层面海拔高度不一，以大巴山地最高，中部山地区最低。大巴山海拔由北向南降低，而武陵、七曜山山地则由西北向东南逐级降低，这是新构造运动等量抬升的结果。

2. 峡谷众多、地貌灾害频繁

重庆境内河流均属长江水系。长江自江津市的石羊乡流入后，呈"S"形蜿蜒至巫山县的碚石进入湖北省，境内河长约 600km。长江北有嘉陵江、大宁河等支流，南有乌江、綦江等支流，构成纵、横谷交织的河网体系。因河流横切构造，多成峡谷。除长江、嘉陵江峡谷外，还有由乌江峡谷构成的以天险称著的乌江峡谷带，主要有三门峡、桐麻弯峡、盐井峡、龙门峡、新滩峡等。大宁河的龙门峡、巴务峡、滴翠峡、庙峡、剪刀峡、荆竹峡、月牙峡和小小三峡也称著于世。

峡谷组成的岩性，多为侏罗系须家河组砂岩、三迭系或二迭系灰岩。背斜地层隆起，河流穿过剧烈下切。上述地层抗蚀强，两岸谷坡受流水冲刷，侵蚀缓慢，使其形成峭壁陡峻的峡谷形态，见表 3.3。

表 3.3　　　　重庆地区长江、嘉陵江河段峡谷表

河流名称	峡谷名称	位置	地质构造名称	长度（km）
长江	华龙峡	江津市	横切温塘背斜南端	1.0
	猫儿峡	江津市	横切温塘背斜南端	3.5
	铜锣峡	渝北区	横切铜锣背斜南端	2.8
	明月峡	巴南与渝北	横切明月峡背斜	1.8
	黄草峡	长寿区	横切黄草峡背斜	4.5
	剪刀峡	涪陵市西	横切苟家场背斜	2.3
	瞿塘峡	奉节县城东	横切七曜山背斜	8.0
	巫峡	巫山县	横切巫山背斜	28.0
嘉陵江	沥濞峡	合川区	切割沥濞背斜	3.0
	温塘峡	北碚区	切割温塘背斜	2.7
	观音峡	北碚区	切割观音背斜	3.7

重庆地区地貌类型复杂多样，切割密度大、暴雨频率高，是我国灾害地貌多发区和重灾区。重庆也是灾害地貌类型多、发生频率高、灾害严重的特大城市。按其灾害地貌作用过程和形态特征可分为崩塌、滑坡、泥石流、塌陷等。重庆崩塌主要发生于嘉陵江、乌江、长江沿岸。在其特定的地质、地貌、气候和人工等因素的综合作用下，重庆滑坡发生频繁，是我国滑坡的多发区。坡面泥石流主要发生在坡度较小，由松散层组成的缓坡地带，在水的参与下产生顺坡流动。例如 1988 年 8 月，北碚区醪糟坪发

生面积为 15 000m^2，体积达 64 000m^{3}的泥石流。喀斯特塌陷分布于背斜构造低山和北部大巴山及东南部武陵山、大娄山碳酸盐岩地区，按成因分为地表自然塌陷和人工活动诱发的塌陷。前者主要因早期形成的溶洞、暗河系统发育，造成顶板失托陷落，例如巫溪石门乡谷地、奉节宝塔坪、江津碑槽镇、享堂的周家槽等。后者因采矿、抽取地下水等人为活动，使其地表突然塌陷，如天府、中梁山、临峰等地区塌陷为采矿所为，万盛区则因抽取地下水而造成喀斯特构造塌陷。总体而言，重庆灾害地貌小型居多、大型较少，相对集中，承继性较强，特别是滑坡。

（三）地貌类型组合分异明显

重庆在大地构造上分属川中褶带、川东褶带、川东南陷褶带和大巴山弧形断褶带单元。因此，在地貌类型组合特征和展布上具有明显的区域差异。

1. 西部丘陵区

本区位于华蓥山、云雾山、巴岳山一线以西地区，包括潼南、大足、双桥全境，合川、铜梁西部和荣昌北部。地貌主要特征表现在：①在构造上属川中褶带，由侏罗系沙溪庙组和遂宁组红色砂、泥岩组成，褶皱舒缓，多呈穹状、鼻状背斜，岩层倾角多小于 5°。②地貌类型除大足、荣昌交界处为水平构造台状低山及沿江河狭小冲积平坝（大佛场等）、剥蚀—堆积平坝（柏梓坝等）外，其余均为红层构造的方山丘陵或圆锥状丘陵，占全区面积的 74%。③丘间冲沟、坳谷异常发育，约占全区面积的 5%。地表剥蚀、侵蚀严重。潼南、合川侵蚀模数在 5 000～8 000t/km^2. a 的面积达 20%，是区域内水土流失最严重的地区。④海拔多在 250～400m 之间，占幅员的 88.5%。该地区热量丰富，紫色土肥力较高，是重庆市主要粮食产区。但多年平均降水量 970～1 100mm，河流密度小，也是旱灾多发区。

2. 中部平行岭谷低山、丘陵区

本区西以华蓥山、云雾山、巴岳山西北麓为界；东以方斗山西麓与东南部中山、台地区为邻；北部由开县温泉镇至巫溪县的起阳镇与北部大巴山中山区相交；南以江津白沙—李市—巴南南彭为界，与南部中山、低山区相接。地貌主要特征是：①地貌发育与地貌形态受地质构造、岩性制约。本区由铜锣、明月等 20 余条背斜和其间向斜组成川东褶带。背斜多成条状低山，向斜多发育为丘陵谷地，山文线与构造相吻。背斜低山与丘陵谷地相间有序排列，构成"平行岭谷"地貌类型组合形态。山体形态受岩性差别的影响，呈"一山三岭两槽"、"一山二岭一槽"或锯齿状、长垣状山岭形态。向斜为广阔丘陵、平坝组合谷地形态，由背斜翼部至向斜轴部依次发育猪脊、单面山、方山丘陵、台状丘陵展布。②从山岭海拔而言，从南、北向长江河谷逐渐降低。长江以北的华蓥山祝圣堂海拔 1 432.5m，铁凤山主峰海拔为 1 341m，南门场山为 1 256m，长江沿岸则降至 500～800m。③长江自江津白沙镇流入区内呈"S"状至巫山碚石出区，长约 600km。江津至涪陵河段属横谷，从背斜鞍部或倾伏端割切成的峡谷，江面狭窄，流经向斜多宽谷，江面宽阔。河谷呈藕节状，峡谷与宽谷展布相间。涪陵至万州河段，迂回于向斜之中，江面开阔，最宽达 1 500m，多呈不对称河谷。岸坡受岩层倾角控制，顺倾坡平缓，逆倾坡陡峻。前者易发生滑坡，后者崩塌频繁。万州至奉节河段，长江流向适应地质构造转向东西，河谷多为侏罗系红色砂、泥岩构成对称"V"形态，奉节白帝城至巫山碚石即属三峡河段，形成瞿塘峡、巫峡。

3. 南部低山、中山区

本区位于中部平行岭谷区以南，綦江赶水—南桐一线以北地区，在行政管辖上为江津、綦江、巴南南部和万盛区西北部。地貌主要特征：①地形倒置明显，向斜构造山地海拔一般高于背斜构造低山200~500m，前者多为侏罗系遂宁组、蓬莱镇组紫红色泥岩、砂岩和白垩系夹关组砖红色砂岩构成的由向斜发育而成的塔状山地或台地。②地势由南向北逐级降低，是新构造运动南北不等量抬升的结果。就水平构造山地山顶面而言，南部为1 500~1 400m（四面山、金花山等），中部为1 100~1 000m（天马山1 100.9m，石岙山1 064m），北部太和山海拔仅655m。③山高坡陡，多呈阶梯状。本区山体大多为侏罗系蓬莱镇组、遂宁组紫色砂、泥岩及白垩系夹关组砖红色砂岩、页岩组成。因差别侵蚀及新构造运动间歇性抬升的结果，山体多呈阶梯状。沟谷切割后多呈嶂谷，裂点发育、瀑布众多，四面山望香台、水口寺瀑布落差达150m。

4. 东南部中山与低山区

本区为四川盆地东南部边缘山地，主要由中山与低山组成。其范围西界与中部平行岭谷地低山、丘陵相连（即綦江赶水、万盛、水江、焦石坝、故陵镇、巴务河一线）；东南与湖南、湖北、贵州省相接。其分属巫山、奉节、忠县、涪陵、石柱、南川、万盛等县区的一部分，以及武隆、彭水、黔江、酉阳、秀山全部。地貌主要特征：①地势起伏大，层状地貌发育。本区为四川盆地边缘山地，地貌类型以中山为主。若以山脉分布规律和山脊海拔而言，则由中部向东南方向递减。因新构造运动间歇性抬升导致层状地貌异常发育，以金佛山、七曜山、仙女山主峰海拔2 000m左右为代表，受后期剥蚀侵蚀破坏，地表破碎，残存面积不大。第二级海拔1 500m左右，以方斗山、黄水坝、普子坝、金鸡盖、苍岭盖等顶面为代表，除黄水坝台地为侏罗系红层组成外，其余均为灰岩组成，顶面起伏缓和，尚残存残丘、洼地。第三级以东南部的毛坝盖、川河盖等台地为代表，海拔1 000m左右。②山脉平行展布，地形倒置明显。本区为典型隔挡式箱状构造体系，宽缓的背斜和狭长的向斜相间平行排列，制约着地貌发育，山脊线与构造线基本一致，多呈北东—南西向展布。向斜发育成台地或桌状山地，形成地形倒置现象，呈逆向平行岭谷组合景观。③喀斯特地貌发育。本区灰岩分布面积广大，占全区面积60%以上，主要有三迭系、二迭系、奥陶系及寒武系灰岩或白云质灰岩。加之热量丰富、降水充沛，地下水交替频繁、溶蚀作用强烈，促进喀斯特地貌发育，溶蚀地貌类型占全区面积60%以上，是重庆市喀斯特地貌发育最良好的地区。在喀斯特台地、山地顶面上均分布着残丘、峰林、洼地、暗河等次一级喀斯特地貌，其中万盛石林、武隆芙蓉洞等较为典型。④峡谷众多。长江在本区段切割七曜山背斜、巫山背斜形成著名的瞿塘峡和巫峡。乌江为长江南岸最大支流，呈东南—西北向于涪陵汇入长江，切割川东南褶皱带形成由三门峡、桐麻弯峡等10多个峡谷组成的"乌江天险"。

5. 北部大巴山中山区

本区位于中部平行岭谷低山、丘陵区的北侧，包括城口县全部，开县、巫溪大部以及奉节、云阳的北部。地貌主要特征：①地貌发育受地质构造控制，山脊线与构造线基本相吻，西部西北—东南向展布，向东逐渐转向南突出近东西向伸展于巫溪境内与东南部中山、低山区相接。背斜山与向斜发育山地，相间平行排列，前者低于后者山地，呈地形逆向地貌形态组合。②山地庞大，地貌层状结构明显。大巴山峰岳起伏，山脊线多在1 800～2 500m之间，构成气势雄伟的重庆北部屏障，减弱寒潮入侵。同时，因新构造运动间歇性不等量的抬升，使其山地具有明显的层状结构，由此向南，层层下降，分别为2 100～2 400m、1 700～2 000m、1 200～1 500m、700～800m四级夷平面。③灰岩广布，喀斯特地貌发育良好。北部灰岩属寒武系和奥陶系。南部灰岩多属二迭系、三迭系，是本区喀斯特地貌发育的物质基础，加之降水充沛、地下水循环频繁，导致喀斯特地貌异常发育，峰丛、洼地、漏斗、溶洞点缀其间，特别是喀斯特平坝天子城、大官山平坝、红池坝、九大湖平坝、文峰坝、朝阳坝、通城坝等展布其间，使雄伟大巴山地更显瑰丽。

（四）地貌演化过程

重庆现今的地貌骨架是由白垩纪燕山运动生成的川东南陷褶带、大巴山弧形断褶带和喜山运动生成的川中褶带、川东褶带联合、复合而成的。经地质时期长期演化，形成现今复杂多样的地貌类型。

白垩纪燕山运动发生强烈褶皱，生成川东南褶皱带。晚白垩纪地壳相对稳定，在綦江、江津南部、黔江的正阳和酉阳的铜西等地处于相对坳陷，堆积了砖红色砂、泥岩（夹关组）及紫红色砂、砾岩（正阳组）。早第三纪广大地区遭受长期剥蚀夷平，形成重庆地区最古老的第一级夷平面。北部大巴山分布城口—俞家梁、大官山、天子城等地，海拔2 400～2 500m，削平不同地质构造，其顶面发育喀斯特残丘，前人称为"大巴山期"。东部三峡地区，分布于云台荒、朝阳坪等地，海拔2 000m左右，称为"鄂西A期"。东南部以金佛山为代表，为二叠系灰岩组成的向斜构造台地，海拔2 200m左右，暂名"金佛山期"。该夷平面因新构造运动不等量抬升的结果，现残留面海拔高度不一。石柱为1 800～1 900m，酉阳、黔江等地为1 400～1 500m。中部以华蓥山为代表，削平华蓥山复式背斜核部的宝顶背斜、李子垭向斜，峰顶浑圆齐一，海拔1 400～1 500m，称为"华蓥山期"。

新、老第三纪喜马拉雅山运动（简称喜山运动）A期发生，形成川东褶带。其后地壳处于相对稳定，经长期剥蚀夷平作用，到新第三纪，形成第二级夷平面。大巴山区分布于山王寨、葱坪等地，以平缓狭长槽谷为主，海拔1 900～2 000m。三峡地区分布在巫山、奉节长江的两岸，主要为二叠系灰岩的顶面，海拔1 500m左右，称为"鄂西B期"。东南部地区以石柱黄水坝为代表，海拔为1 500m左右。其中黄水坝为侏罗系砂、泥岩组成的向斜台地，地势起伏平缓，比高小于20m，黄红色风化壳发育；方斗山背斜主脊为二叠系灰岩组成溶丘，顶面齐一，为同期产物；彭水普子坝为向斜喀斯特中山，海拔1 400～1 500m；黔江地区川河盖、毛坝盖等倒置台地，均为二叠系、三叠系组成向斜发育而成，有残丘、洼地点缀其上，海拔1 100～1 200m。华蓥山以大安等地海拔1 100～1 200m的山顶面为代表，其上有溶蚀残丘、峰丛、洼地。江津南部以四面山蜈蚣岭、轿子山为代表，海拔 1 600～1 700m，为白垩系夹关组红色地层组成。

第三纪末，喜山运动 B 期发生，地壳相继隆起，经夷平后，大巴山地区和三峡地区分别形成二级夷平面。大巴山地区海拔为 1 400～1 600m 及 800～1 000m，三峡地区海拔分别为 1 000m 及 800m 左右，统称为"山原期"。中部长江左岸地区，以背斜构造低山为代表，海拔由北约 1 000m 向长江河谷降低为 500m 左右，称为"歌乐山期"。长江右岸地区，以綦江境内的紫金山、花金山、老马山和莲花石向斜发育的中山为代表，海拔 1 000～1 200m，向北至太和等倒置低山，海拔降至 600～700m。涪陵地区以蔺市台地和焦石坝台地为代表，为侏罗系红层组成的水平构造台地。其中后者为三叠系灰岩构成的喀斯特台地，海拔 600～800m。彭水地区以郁山背斜喀斯特中山为代表海拔 900～1 000m。东南酉阳以喀斯特低山为代表，海拔降低 600m 左右。

综上所述：①自白垩纪燕山运动至第四纪初，因地壳不等量间歇性抬升，大巴山和三峡地区发育有四级夷平面，其余地区为三级。②就新构造运动上升幅度而言，以大巴山最大，其次为金佛山—七曜山及三峡地区，并向长江谷地倾斜。③在长江左侧地区第三级夷平面形成之后，长江右岸向斜地区纵、横顺向河及次生谷仍异常发育、侵蚀强烈，故背斜成山、向斜为丘陵谷地，相间有序排列，形成平行岭谷地貌组合。长江右侧夷平面多属倒置台状山地，这主要是由于夷平面张性裂隙发育，导致背斜谷袭夺次成谷，水量增大，侵蚀加强，故形成向斜构造台地或山地的倒置现象。

三、气候特征

重庆位于四川盆地东南部，属亚热带季风气候。由于冬季秦岭大巴山的屏障作用，减弱了寒潮威胁，以及夏季西太平洋副热带高压和青藏高压的影响及地形闭塞，风速小，空气湿度大等原因，使重庆具有冬季温暖、夏季炎热多伏旱，全年云雾多、日照少，秋季阴雨绵绵等特点。

（一）冬季较同纬度长江中下游地区温暖，无霜期长

重庆除东北部大巴山的城口县外，其余各地最冷月均温度在 3.8～8.1℃ 之间，而同纬度的南京、武汉、上海最冷月均温分别为 2.3℃、1.9℃、3.3℃，分别低于重庆（沙坪坝）5.2℃、5.6℃、4.2℃。重庆无霜期长，多数地区在 325～345 天之间。合川、巴南、綦江长达 350 天左右，是重庆无霜期最长的地区。其原因为北面有海拔高度在 1 000～2 000m 以上的秦岭、大巴山，是冬季冷空气南下入侵受阻的天然屏障，使整个四川盆地冬季少受寒冷空气的袭击。即使有部分空气能越山入侵盆地，也因为势力大减和下沉增温作用，使空气变暖，减弱了寒冷的威力。相反，几乎在同纬度的长江中下游地区，冬季一旦北方寒潮爆发，冷气流畅通无阻直达江南，强盛者可到华南，造成大面积寒冷降温过程。因而重庆冬季较同纬度的长江中下游地区暖和。

（二）夏季炎热多伏旱

重庆是长江中下游地区有名的"火炉"之一，其炎热程度主要表现为气温高、炎

热日数多、高温天气持续时间长，盛夏高温伴随着伏旱。

重庆大部分地区盛夏七八月份均温在 27.5～28.5℃ 之间，区内 3/4 的区、县极端最高气温达 40℃ 以上。炎热日数多，多数地区日最高气温 35℃ 以上的年平均日数达 20 天以上，长江沿岸海拔低于 300 米的地区达 30～40 天，较同纬度的长江中下游地区显著偏多（武汉 23 日、南京 15 日、上海 7 日）。重庆夏季高温往往伴随着伏旱天气，重庆 90% 以上年份出现不同程度的伏旱，重旱和特旱占总数的 39.4%。

重庆夏热伏旱的原因是多方面的：第一，夏季受西太平洋副热带高压的控制和青藏高压的影响，是造成盛夏连晴、高温伏旱的重要原因。重庆地处北纬 30° 附近，在 8 月前后，恰在西太平洋副高脊线的控制之下，盛行下沉气流，多晴朗少云天气，造成高温伏旱。另外，青藏高原位于北纬 26°～40° 之间的副热带地区，在高空，尤其是在 100 毫巴上空，形成北半球夏季对流层上部一个最大的、稳定的暖高压。青藏高压叠加在低空西太平洋副高上，经常引起副热带高压脊线加强，西伸北跳伸入内陆，造成长江中下游包括重庆地区在内的干热少雨天气。第二，地形影响。重庆靠近云贵高原，大娄山耸峙其南，海拔高度为 1 200～1 800m，主峰金佛山为 2 251m。它以峻急的坡度落入盆地。夏季偏南气流在翻越云贵高原下沉后，焚风效应显著，更加剧了炎热程度。又因为重庆各区县主要城镇大多位于河谷低地，相对于四周高山高原而言，犹如"锅底"，风力微弱、散热困难，加之河网纵横、水田密布，地面和水面受热后蒸发旺盛，空气湿度大，就是夏季的相对湿度平均也在 70%～80%，所以闷热异常。

（三）降水丰沛，时空分布不均

1. 年降水量丰沛，由东南到西北逐渐减少

重庆上半年受来自太平洋的东南暖湿气流和印度洋的西南暖湿气流影响，降水丰沛，大部分地区年降水量在 1 000～1 200mm 之间。夏季风主要由东南向西北推进，因此东南部受夏季暖湿气流控制时间比中部和西北部地区长，加之地形的影响，是重庆的多雨区之一。所以降水由东南部逐渐中部地区、西北部地区逐渐减少。

2. 夏雨较多、秋雨绵绵、春季多夜雨

夏季大部分地区降水量介于 450～500mm 之间，占年降水量占 37%～45%。受热力对流影响，降水多以大雨、暴雨形式降落，降水强度大。夏季月降水量分配不均，6 月是夏季降水最多的月份。7 月开始受副热带高压下沉气流影响，降水逐渐较少，加之气温迅速上升，伏旱相继发生。

秋季降水量在 250～380mm 之间，占年降水量的 22%～30%，是降水次多的季节；但降水日数最多，各地降水日数达 45～55 天，约占年降水日数的 30% 以上。降水强度小，历时长，形成秋雨绵绵的气候特色。造成重庆连绵秋雨的原因是西太平洋副热带高压控制逐渐转为蒙古高压控制。由于四川盆地纬度偏南和地形的影响，这种转换较慢，加之重庆本身是山地环绕，极锋南撤速度慢，甚至是准静止状态，故多阴雨。

重庆春季夜雨较多。所谓夜雨指晚上 8 点到第二天早上 8 点之间下的雨。重庆夜雨量一般占全年总降水量的 60%～70%，仅比四川盆地西部低，但高于全国其他地区。就四季夜雨而言，以春季最多，占季节降水量的 70%～80%。多夜雨的重要原因是由

于空气潮湿、天空多云。白天云层能使地面和云层下部所受太阳辐射减弱，空气对流不太强盛，不易生产降水。到了夜间地面散热时，云层对地面有保暖作用，使云层下部温度不易降得过低，而云层的上部却因辐射强烈，温度降低过快，于是云层的上下部就生产了温度差异。上冷下暖，大气层结不稳定，容易产生对流，使暖湿空气上升凝结致雨。此外，也与昆明准静止锋有关。在昆明准静止锋停滞期间，锋面降水出现在夜间或清晨的次数占的比例较大。

（四）云雾多、日照少

重庆是有名的"雾都"，有雾的日子几乎一年四季皆可出现。大部分地区年均雾日在 35～50 天，主城区及其周边地区雾日最多。重庆不但雾日多，而且雾大雾浓。一般来讲，雾大多数出现在夜间，日出之前变浓，在上午八九点钟开始消散。但重庆冬季往往大雾形成后，延至中午不散，有时连续数日。产生多雾的原因是重庆位于四川盆地底部，地形闭塞，高空常出现逆温层，地面空气潮湿。若在晴朗无风的夜晚，大气层结稳定，地面因有效辐射而逐渐冷却，接近地面的空气层也随之变冷。当空气温度下降到使之相对湿度达到或接近 100% 时，空气中所含水汽凝结形成雾。由辐射冷却而形成的雾为辐射雾，另外还有平流雾。据统计，重庆这两种雾约占全年总雾日的 80% 以上。加上市区人口稠密，生产生活中放出大量烟尘，为雾的形成提供了丰富的凝结核。

四、水文特征

（一）河流纵横，均属长江水系

重庆位于长江上游，境内河流纵横，均属长江水系。长江自西南向东北横贯市境，北有嘉陵江、南有乌江汇入，形成向心的、不对称的网状水系。据统计，流域面积大于 $50km^2$ 的河流有 374 条，其中 1 000～3 000km^2 的有 18 条，大于 3 000km^2 的有 18 条。

（二）水资源时空分布不均

重庆地区地表径流即地表水资源主要由大气降水补给，其时空分布规律与降水量相似。但地表径流受下垫面的影响，时空分布差异较降水更大。

重庆地区地表水资源就季节分配而言，夏季径流量占年平均径流量的 42.2%，秋季次之，占 28.0%，春季占 26.7%，冬季最少，只占 5.1%。从年内径流丰枯时限看，以东南部为例（原涪陵、黔江地区），枯水期（1～3 月，11～12 月）的径流量占年径流总量的 11.9%，丰水期（4～10 月）的径流量占全年的 88.1%。因受大气环流高压的制约，在丰水期内，8 月径流值占 6.8%，且在该时期内相对集中，常发生伏旱。次丰水期是径流值的低谷。因此，丰水期径流常出现双峰分配，第一丰水期在 4～7 月，占年径流量的 57.6%，高峰在 5～6 月；第二期在 9～11 月，占年径流量的 25.7%，高峰在 9 月。

重庆地区水资源的地区分布差异很大，主要是因大气、河流和地形所致。从年径流量分布规律而言，北、南、东部多，西部少。北部大巴山南坡为 1 000～1 400mm；

东部巫山南缘及巫溪东部为 1 000 ~ 1 200mm；南部金佛山等地多于 1 000mm；中部平行岭谷为 500 ~ 550mm；西部丘陵地区仅 350 ~ 400mm，仅为北部的 28.6%。

（三）年径流总量丰富，但水资源短缺

重庆市境内江河纵横、水系发达，多年平均径流量为 4 624.42 亿 m³，其中当地地表径流量占总量的 11.06%，地下水占 2.85%，入境水占 86.09%。但重庆实际利用入境水的能力有限，据《重庆市水资源调查评价报告》，重庆多年平均当地水资源总量为 567.76 亿 m³，人均占有量为 1 802m³，约为全国人均水资源量的 3/4，世界人均水资源量的 1/5。而渝西 12 个区县，人均占有当地水资源量仅为 889m³，约为全市人均水资源总量的 1/2，全国人均总量的 2/5，世界人均总量的 1/10。根据我国缺水标准，重庆市人均水量介于 1 000 ~ 2 000m³ 之间，属于中度缺水地区。西部 12 个区县人均水量介于 500 ~ 1 000m³ 之间，属于重度缺水地区。其原因有三个方面：一是水资源分布十分不均，主要表现为东部多、西部少，造成西部地区重度缺水。二是工程性缺水突出。目前水利工程项目结构和区域结构不甚合理。重庆市地形以山区丘陵为主，农业生产主要依靠小型水利设施，而水源建设主要集中在大中型骨干水源上，对小型水库、水塘建设重视不够、投入不足，工程性缺水严重，为全国均值的 63.09%。三是长江、嘉陵江、乌江等河流流经重庆区域面积小，开发利用成本高，提取利用率低，在全国乃至西部地区都处于落后水平。

五、植被特征及类型

（一）植物种类繁多、起源古老，多珍稀孑遗植物

重庆植物资源丰富、种类繁多。据不完全统计，重庆分布的维管束植物有 6 000 多种，其中木本植物占 1/2。

植物起源古老，多珍稀孑遗植物。第四纪冰期时，因北部秦巴山地的屏障，重庆境内未直接受大陆冰川的影响，成为第三纪植物的"避难所"，为已有植物的保存、繁衍、分化提供了有利的环境条件。因此在重庆的植物种类中，具有许多古老的孑遗种。蕨类植物有属古生代的松叶蕨（Psilotum nudum）、莲座蕨（Angiopteris）；属中生代的紫萁（Osmunda）、芒萁（Dicraepteris）、里白（Hieriopteris），属中生代侏罗纪的桫椤（Cyathea）、白垩纪的瘤足蕨（Plagiogyria）；属第三纪的凤尾蕨（Pteris）、石松（Lycopodiumodium）等古老孑遗种。裸子植物中的水杉（Melasqoia）、银杏（Ginkgo）、银杉（Cathaya）是驰名世界的"活化石"，是世界著名的古老珍稀植物，为我国特产，分别见图 3.3、图 3.4、图 3.5。此外，裸子植物还有白垩纪的松（Pinus）、第三纪的杉（Cunnighamia）。被子植物在白垩纪出现的有桑（Moraceae）、卫矛（Celastraceae）、槭（Aceraceae）、木兰（Magnaliaceae）、毛茛（Ranunculaceae）、山毛榉（Fagaceae）、金缕梅（Hamamelidaceae）、杜鹃花（Ericaceae）等 50 科左右。第三纪已建立的科有八角枫科（Alangiaceae）、茶科（Theaceae）、旌节花科（Convulvulaceae）等。

图3.3　水杉

图3.4　银杏

（二）分布有明显的水平差异和垂直带谱结构

重庆地域辽阔，全市水热条件有较明显的水平变化，总趋势大致是东南优于西北。因此植被也随之产生明显的水平地域差异。例如，在东南部边缘山地，气候温暖湿润，常绿阔叶林分布上限达海拔2 000m左右；在东北部边缘大巴山地区，因地理位置偏北，受寒潮影响比市内其余地区大，气候温凉湿润，常绿阔叶林分布上限一般在海拔1 500m以下。

重庆多山，由于地势海拔高差较大，造成植被垂直分布明显差异。以大巴山南坡为例，其植被垂直带谱是：海拔1 500m以下为基带植被常绿阔叶林，海拔1 500~2 000m的植被是常绿和落叶混交林，2 000~2 300m的植被为针阔混交林，2 300m以上的植被是亚高山针叶林。

图3.5　银杉

（三）主要植被类型

重庆地处亚热带季风气候区，地带性植被为亚热带常绿阔叶林。由于受自然因素，特别是人类经济活动的影响，现在地带性植被仅存于人类经济活动影响较轻的盆地周围，如四面山、金佛山等地。在人口比较集中、交通比较便利的地区，亚热带常绿阔叶林只是在风景区或寺庙周围有少量分布或残迹，一般面积较少，且人为影响较大，多已成半天然林，带有一定的次生性质，如北碚缙云山的常绿阔叶林。除地带性植被外，境内还有常绿落叶阔叶混交林、落叶阔叶林、针叶林、针阔混交林、竹林、灌丛、稀树草丛、草甸等植被类型。

1. 亚热带常绿阔叶林

亚热带常绿阔叶林是重庆具有代表性的地带性植被类型。这一类型要求温暖湿润、无霜期长的生态环境。亚热带常绿阔叶林主要由壳斗科、樟科、山茶科、木兰科、金楼梅科等常绿阔叶树种组成。群落外貌终年常绿，林冠整齐，上层树冠浑圆，呈波状起伏。在本类型植被中也常混入一些针叶树种和落叶树种,一般呈散生状,如马尾松、杉、鹅耳枥、枫香等等。灌木层多为杜鹃、山茶、杜茎山、柃木、新木姜子、山胡椒、紫金牛等属灌木和乔木幼树组成。草本层一般以蕨类植物为主,种子植物有苔草属、山姜属、淡竹叶等种类组成。层外植物主要有菝葜属、香花岩豆藤等藤本植物以及某些附生植物。

2. 亚热带山地常绿与落叶阔叶混交林

这一植被类型是重庆山地植被垂直带谱中的一个类型,介于亚热带常绿阔叶林和亚高山常绿针叶林带之间,分布于盆缘中山地带,以大巴山地的混交林最为典型。这种植被类型分布地区湿润多雨,冬季气温略低,但绝对低温不太低。由此,较喜温的落叶阔叶林树种和较耐寒的常绿阔叶树种均能生长,形成混交林。本植被类型乔木层主要建群种均属壳斗科树种,其中常绿阔叶树种主要有栲属、石栎属、青杠属的耐寒树种,伴生种有樟科、山茶科等。落叶树种以桦木科的鹅耳枥属、桦属,槭树科的槭属,漆树科的漆树属,壳斗科的水青冈属,栎树为主。在喀斯特地貌地区,则以山桐子属、山羊角属占优势,其他伴生落叶树种尚多。本植被群落外貌,有显著的季相变化,春嫩绿,夏浓郁,入秋则呈黄、红、褐色斑块,隆冬许多树种落叶。群落结构通常可分为乔木、灌木和草本3层。

3. 落叶阔叶林

在亚热带地区,落叶阔叶林是一种非地带性的、不稳定的森林类型。重庆境内该类型植被主要分布在盆缘北部中山地区,是在常绿阔叶林或山地针叶林遭到破坏后形成的森林迹地上出现的过渡性次生林。落叶阔叶林分布地区的自然条件与前述两种森林植被大致相同,仅局部小环境的光照条件更为充足,土壤条件更为干燥,使之更利于落叶阔叶树种的生长。因此,落叶阔叶林在水平和垂直分布上均不成带,而是以斑块或条带状出现。落叶阔叶林的组成成分主要有壳斗科的栎属、水青杠属,桦木科的桦属、鹅耳枥属,杨柳科的杨属等落叶乔木,还有亚热带针叶树种和常绿树种混生其间。林内藤本植物也相当丰富。由于落叶阔叶林夏季盛叶、冬季无叶,使群落的季相变化十分显著。

4. 暖性针叶林

主要分布在低山和丘陵地区。暖性针叶林的建群种喜温暖湿润的气候条件,与地带性植被亚热带常绿阔叶林的生态环境相当。但它的多数树种较相同立地条件生长的阔叶林树种具有更强的适应性,可在干燥、瘠薄的土壤上蔚然成林,因此往往成为荒山的先锋树种,并且许多针叶树成为纯林。主要树种有马尾松、杉木、川柏木等等,还有珍稀孑遗树种银杉和水杉。其外貌整齐高大、层次分明、成木端正、结构简单、色彩葱绿、林相优美。此外还有常绿和落叶阔叶林的共建种,如樟、栲、桦等属阔叶树种。原始群落少见,多属地带性植被遭破坏后出现的次生林或近二三十年培育的人工林。

5. 温性针叶林

主要分布在大巴山、巫山等中山地带。在垂直地带谱中,其下限多为常绿阔叶林或常绿与落叶阔叶混交林,海拔高度一般在1 500m以上,气候温凉,土壤多呈酸性至中性。主要树种有油松、华山松、巴山松等。温性针叶林群落外貌多为深绿色,结构一般较简单，层次分明。乔木中常渗入桦、槭、鹅耳枥等阔叶树种。灌木层种类丰富，主要有箭竹、杜鹃等。在海拔 2 200m 以上的大巴山区还分布着以巴山冷杉组成的寒温性常绿针叶林。

6. 竹林

重庆是我国重要的竹类分布区，从河谷到丘陵、山地都有成片成群的竹林，仅北碚缙云山就有 20 多种竹子。根据竹林的自身特点和生态环境的不同，可分为暖性竹林和温性竹林两种类型。暖性竹林是分布面积最广，竹子资源最丰富的类型，从河谷平坝到丘陵山地均有分布。其生境条件是温暖湿润的气候，较深厚肥沃、排水良好的土层。暖性竹林林冠整齐，结构简单，灌木少，但草本层较繁茂并常以喜温性植物为主，如蝴蝶花、四块瓦等等。暖性竹林科分为：毛竹林、慈竹林、平竹林、金竹林、水竹林、斑苦竹林等等类型。温性竹林主要分布在海拔 1 500m 以上的山地。其生境特点是气温较低，湿润、云雾多、紫外线辐射较强，如黔江山区的箭竹林、风竹林等。

7. 灌丛

灌丛是重庆分布较广、较常见的植被类型，从丘陵低山到中山都有其踪迹，且组成种类不同，生活型多样，反映其善于适应各种不同生境。在低山丘陵区的灌丛，大多数是森林遭到破坏后形成的次生林灌丛，是植被的一个演替阶段。灌丛群落的种类成分与原有植被类型有很大关系，主要有：常绿阔叶灌丛，群落的种类组成比较混杂，主要树种有檵木、乌饭树、映山红、川灰木鞯等；暖性落叶阔叶灌丛，主要树种有白栎、短柄抱栎、栓皮栎、麻栎等。在灰岩分布的低山丘陵区，多基岩裸露，生境干燥、土壤瘠薄，大量耐旱喜钙的落叶灌木类如黄荆、马桑、火棘、蔷薇等生长；温性落叶阔叶灌丛，在盆缘中山区温性针叶林分布范围内生长，适应力较强，多数为原生植被，但也有森林屡遭破坏后形成的次生温性落叶灌丛。组成这种灌丛的植物种类主要有秀丽莓、考氏悬钩子，等等。

8. 草丛、草甸

重庆境内的草甸属山地草甸，主要分布在境内的中山区，一般在当地森林上界之上的地段，分布高度不等（1 500～2 700m），取决于坡向、湿度等。城口梆梆梁、巫溪红池坝、银厂坝，巫山葱坪，武隆仙女山，南川金佛山，万盛黑山狮子槽等地都有草甸分布。关于草甸的起源，有人认为是次生的，是森林上界人为降低的结果；也有人认为一部分山地草甸是原生的，是山地垂直带谱中一个稳定地带。

六、土壤特征与分布

（一）成土条件复杂，类型较多

重庆地域辽阔，从纬度范围来看，地带性土壤是在亚热带湿润季风气候条件下形成的黄壤、红壤。但重庆境内自然成土条件相当复杂，导致土壤种类的多样化。据统计，重庆土壤共有 5 个土纲、9 个土类、17 个亚类、40 多个土属、100 多个土种，变种更多。众多的土壤类型为重庆农业利用形式的多样化提供了条件。5 个土纲、9 个土类分别是：铁铝土纲——红壤、黄壤；淋溶土纲——黄棕壤、棕壤；半水成土纲——山地草甸土；初育土纲——紫色土、石灰（岩）土和新积土；人为土纲——水稻土。

（二）土壤具有粘化、酸化、黄化、幼年性、粗骨性特点

　　重庆境内的山地，属亚热带山地湿润季风气候。这些地区降水充足、热量丰富、湿度大、云雾多、日照少、干湿季节不明显。因此，在山地土壤的形成过程中土壤母质化学风化非常强烈，原生矿物不断被分解，形成大量的黏土矿物。在漫长的温湿条件下，土壤淋溶较为明显，盐基物质大量流失，饱和度低，在代换性离子中，氢、铝离子占绝对优势。同时，受大气湿度的影响，土体较湿润，在成土过程中产生的氧化铁和氧化铝的水化程度很高，土壤中游离氧化铁发生水化而成水化氧化铁（黄色），使土壤剖面呈黄色或蜡黄色。综上所述，可以看出重庆山地土壤的发生形成中呈现明显的黏化、酸化和黄化特点。

　　此外，因深受地形、母质等影响，还具有幼年性、粗骨性特点。重庆深丘及山区地形起伏大、坡度陡，自然植被覆盖率低，人工植被（农作物）更替频繁，而且降水集中、强度大。因此地质大循环进行得十分剧烈，水土流失特别严重，土层侵蚀和堆积作用频繁，原有的土壤因为遭受侵蚀而不断被新的土壤取代，故成土时间短暂，土壤长期处于幼年阶段。此外，重庆境内石灰岩和广泛分布的紫红色砂、泥岩含（碳酸）钙量高。在这些地区，土层中游离的碳酸钙阻滞了盐基淋溶作用，也使相当部分土壤长期停留在幼年阶段。土壤受母岩的直接影响，其原生矿物含量高，粗骨性十分明显，在形成的土壤中夹有大量的页岩或泥岩碎屑。这部分土壤发育浅、土层薄，受冲刷侵蚀严重，农业上保肥抗旱力弱，宜种性差，是重庆市的主要低产土壤。

（三）土壤水平分布规律

　　重庆土壤的分布，严格受成土因素的控制。首先，由地理位置控制着重庆土壤的水平地带性分布规律。重庆位于中亚热带湿润季风气候区，在海拔 1 500m 以下分布着常绿阔叶林和次生针叶林。林下不同母质风化发育的土壤，其最后阶段都可能发育成地带性土壤——黄壤。其次，地质构造和地层展布制约着重庆市土壤的水平分布。重庆市土壤与地层的关系大体是：第四纪冲积物形成新积土和老冲积黄泥等；早期古水文气候条件下的红色黏土母质发育为红壤；白垩系和侏罗系地层即紫色母质展布区发育为各种紫色土；三迭系地层，如飞仙关组形成紫色土，雷口坡组、嘉陵江组形成矿子黄泥和石灰（岩）土；须家河组形成冷沙黄泥；二迭系地层主要形成火石子黄泥和石灰（岩）土；泥盆系地层形成粗骨黄泥和冷沙黄泥；志留系地层主要形成粗骨黄泥；奥陶系地层主要形成矿子黄泥（大黄泥）和石灰（岩）土；寒武系地层主要形成矿子黄泥（小黄泥）；震旦系和元古界板溪群地层主要形成粗骨黄泥和冷沙黄泥。由于重庆地层较齐全，岩石种类多，成土母质和地形、地貌复杂，在全境形成了多种多样的土壤，破坏了土壤水平面地带的完整性。如盆东平行岭谷区，大多数土壤在各背斜向斜之间以构造线为轴心，依岩层顺序、沿岩层走向对称性地呈条带状分布，使地带性土壤——黄壤仅呈不连续的斑块或条带状分布。

　　综上所述，重庆土壤的水平面分布除受地带性因素支配外，还显著受到非地带性因素和人为因素的影响，尤其是母质因素的影响最为深刻。

第三节　区域人文地理概况

一、区域发展简史

重庆是巴渝文化的发祥地，距今已有 3 000 多年的历史。重庆古称江洲，隋文帝开皇元年改为渝洲。公元 1190 年，宋光宗先封藩王后即帝位，双重喜庆，于是改名为重庆府。重庆由此得名，沿用至今。

重庆是一座具有光荣历史的城市。作为国民政府的战时首都和中共中央南方局所在地，当时中国各党派和社会各阶层的政治力量相继集中到重庆。8 年抗战中，重庆是以国共合作为基础的抗日民族统一战线和整个中华民族团结抗战的重要政治舞台。同时，它也是第二次世界大战世界反法西斯战争同盟国在远东的指挥中枢。

重庆一方面是区域军政中心，另一方面凭借两江交汇、舟楫便利的水运优势和广阔的资源腹地优势成为水路交通中心和商业繁荣的区域经济中心。明清时代，重庆成为"商货出入输汇"、"四方商贾辐凑"之地，是西南地区最大的商品物资集散地。1891 年，重庆辟为通商口岸，设立海关，航运、商贸、金融及加工业等日趋兴盛，沟通了西南地区、长江上游与世界的联系。抗日战争爆发后，国民党政府于 1937 年西迁重庆。随着大批工矿企业、金融机构、科技文化部门内迁，这里成为当时的政治、军事、经济、文化中心。新中国成立初期，重庆是西南经济中心。1954 年至 1958 年，国家对重庆实行计划单列体制。20 世纪 60 年代中期，重庆是我国三线建设的重点投资区，成为全国重要的工业基地。1983 年 2 月，中共中央、国务院决定将重庆作为首批经济体制改革的试点城市和计划单列城市，赋予省级经济管理权限，并辟为外贸口岸。20 世纪 90 年代国家实施长江开放开发战略，重庆被列为沿江开放城市。

1997 年 3 月 14 日，八届全国人大五次会议批准设立重庆直辖市，这是世界上人口最多、面积最大、农民最多的一个直辖市。重庆直辖市兼得长江经济带和大西南开发之利，区位优势得天独厚。境内资源丰富，有天然气、铝土、锶、锰、岩盐等矿产资源，生猪、柑橘、烟叶、中药材等农特土产资源，以长江三峡为代表的风景名胜、文物古迹以及独特的民俗风情等旅游资源，这些都为重庆经济的快速发展奠定了坚实基础。

二、人口发展概况

（一）人口变迁

重庆人口的记载最早见于东汉班固的《汉书·地理志》："巴郡，户十五万八千六百四十三，口七十万八千一百四十人。"今重庆占当时的巴郡州、垫江、积县、胸忍、鱼复、涪陵、监江七县，共约 100 955 户，人口约 450 639 口。西汉到明代，重庆人口总数在 10 万~62 万之间波动。明代以后人口数量激增，至清嘉庆二十五年（1820 年）重庆人口达到 454 万之多，而到民国二十六年（1937 年）更是达到 1 363 余万。由此可见，明清至民国时期是重庆人口形成的重要时期，人口主要是自明代以来的 350 余年时间形成的。这其中，因为战争也有两次大的人口衰减，分别是东汉至西晋时期和宋末元初时期。从人口分布来看，重庆人口在元代及其以前，重心在以夔州为中心的东部地区。而明代以来，直至民国时期，人口重心不断西移，形成了今天重庆人口空间分布的基本情况。人口重心的迁移也是与重庆政治、经济重心的西移相一致的。

（二）人口构成

重庆是一个大城市与大农村并存，二元结构十分突出的特殊直辖市。相比于京津沪三个直辖市，重庆人口具有三多的特点：农村人口多、贫困人口多和少数民族人口多。按 2009 年户籍人口计算，重庆农业人口 2 326.92 万，占总人口的 71%，且贫困人口集中分布于少数民族乡村地区。

1997—2010 年重庆人口净增长 260.53 万人，其中自然增长量为 210 余万，人口增长近九成来源于自然增长。自 20 世纪 70 年代末实行计划生育政策以后，重庆人口迅速完成了从高增长到低增长的转变。与此同时，人口再生产模式也完成了由"高出生、高死亡、低增长"到"低出生、低死亡、低增长"的转变。

重庆市境内民族众多，除汉族外，还有土家族、苗族、回族、蒙古族等 50 多个少数民族。根据第五次人口普查数据，重庆少数民族人口 197.36 万，占总人口的 6.5%。其中，人口最多的是土家族（116 万），其次是苗族（53 万），仅这两个民族就占少数民族总人口的 94.8%。从空间分布上看，主要分布于黔江地区，并且集中居住的是土家族和苗族。重庆的 4 个民族自治县（石柱土家族自治县、酉阳土家族苗族自治县、秀山土家族苗族自治县、彭水苗族土家族自治县）的少数民族人口占总人口的 55%，其余各地区少数民族占总人口仅为 0.2%。

（三）人口问题

重庆劳动力素质整体水平较低。据有关研究表明，2010 年以区域人口文化素质为主要根据的"区域社会潜在效能指数"，重庆在全国排名 26 位，"区域社会创造能力指数"排名 23 位。农村人口素质问题突出，2010 年全市 15 周岁及以上人口的文盲率达到 16.6%。

2010 年重庆 65 岁及以上人口占 11.56%。按国际的通行标准，一个国家或地区 65 岁以上人口占总人口的比重达到 7%，标志着进入老龄化社会。第六次全国人口普查数据显示，中国的老龄化进程在加快。过去 10 年间，60 岁及以上人口占 13.26%，上升 2.93 个百分点。其中 65 岁及以上人口占 8.87%，上升 1.91%。重庆 65 岁及以上人口占比 11.56%，在全国也算老龄化程度较为严重的地区。

三、主要自然资源

（一）矿产资源

重庆现已发现并开采的矿产有 40 余种，约占世界已知矿种的 27%。探明储量的矿产约 25 种，主要有煤、天然气、锶、硫铁、岩盐、铝土、汞、锰、钡、大理石、石灰石、重晶石等，具有探明储量大、分布相对集中、品味较高、便于开发等特点。其中煤储量30亿吨以上，主要分布在天府、南桐、松藻、中梁山等煤炭基地。天然气储量3 200亿立方米，主要分布在万州区及其邻近地区，是全国重点开采的大矿区。另外，铝土矿储量达7 400万吨，岩盐储量3 000亿吨，锶矿储量185万吨，均居全国第一，锰和钡矿储量分别居全国第二和第三。

（二）动植物资源

重庆是全国生物物种较为丰富的地区之一。据不完全统计，全市有维管植物2 000种以上。仅号称"川东小峨眉"的缙云山，亚热带树木就达1 700多种，至今还保留着1.6亿年以前的"活化石"水杉、伯乐树、飞蛾树等世界罕见的珍稀植物。国家级自然保护区南川金佛山是天然植物园之一，有名贵树种30多种（其中有国家一类保护树种3种），乔木1 000多种，竹类17种，尤以"金山四绝"——银杉、杜鹃王树、大叶茶、方竹笋闻名中外。具有原始森林特色的江津四面山自然保护区植物资源也颇为丰富。

重庆还是全国重要的中药材产地之一。大面积的山区生长着数千种野生和人工培植的中药材，在全国产量最大的有黄连、五倍子、金银花、厚朴、黄柏、杜仲、元胡等。

全市有栽培植物560多类，其中主要粮食作物有水稻、玉米、小麦、红薯4大类，尤以水稻居首。经济作物中的名优品种主要有油菜、花生、桐子、生漆、茶叶、蚕桑、甘蔗、黄红麻、烟叶等。果树作物主要有柑橘、甜橙、柚、桃、李等，尤以柑橘最具盛名。

重庆地区有各类动物资源380余种，其中野生珍稀动物主要有毛冠鹿、林麝、大灵猫、水獭、云豹、猕猴、红腹锦鸡等。饲养动物有60余种，生猪、羊、牛、兔是优势畜种。荣昌是全国著名的种猪基地，石柱县是全国著名的长毛兔饲养、加工和出口基地。全市有江河鱼类120多种。鱼类养殖遍及各区县，长寿湖、大洪湖是重庆的鱼类养殖基地。

（三）水资源

重庆境内江河纵横、水网密布，水及水能资源十分丰富。长江干流从地域中部自西南向东北横穿全境，在境内与南北向的嘉陵江、渠江、涪江、乌江、大宁河等支流及上百条中小河流构成向心状的辐射水系。

全市年平均水资源总量5 000亿 m^3，其中地表水资源占绝大部分，具有重要的开发价值。全市理论水能蕴藏总量1 440万 kW，其中可供开发的水能资源750万 kW。全部水能资源开发电量在全国大城市中名列第一。重庆石灰石地质地貌突出，溶洞较多，有丰富的地下热矿泉水和饮用矿泉水，开发前景良好。重庆地区东、西、南、北建有四大温泉公园和众多的优质矿泉水生产企业。

（四）旅游资源

据资料统计，重庆市目前共有著名和比较著名的自然旅游资源单体303处，分布最广、影响最大的有峡谷、名山、温泉、湖泊、瀑布以及溶洞等。其中，峡谷地貌最为突出，不仅数量多，而且各具特色，蕴含着丰富的人文景观，具有极高的旅游观赏价值，如长江三峡、大宁河小三峡、万盛黑山谷等。境内石灰岩分布较广，喀斯特地貌十分丰富，如武隆芙蓉洞、巫溪夏冰洞、巴南东泉热洞、统景感应洞等。此外还有奉节天坑地缝、武隆天生三桥、黔江暗河等。重庆温泉众多，被誉为"温泉之都"。目前已发现天然温泉有 30 多处，70% 的出水点集中在市区周围 50km 的范围内，水质优良，开发条件非常良好。

四、经济社会发展

重庆是中国西部最大的城市，处在我国中西部地区的结合部，具有承东启西的区位优势。它拥有丰富的生物资源、矿产资源、水能资源和独具特色的三峡旅游资源，具有极大的开发潜力。举世瞩目的三峡工程建设和库区移民开发，以及 3 000 万人民奔小康所产生的巨大投资需求和消费需求，为重庆未来发展提供了广阔的空间。重庆是中国西南地区和长江上游的经济中心，重要的交通枢纽和内河口岸，经济实力相对较强，大工业、大农业、大流通、大交通的特点突出，具有一批带动能力较强的支柱产业、优势行业和拳头产品。农村经济快速发展，一些主要农副产品在全国位居前列。重庆已建成了一批面向全国、辐射西南的区域性市场。城市基础设施初具规模，科技教育基础较为雄厚，文化艺术、广播电视、新闻出版、体育卫生等各项社会事业有了较大发展。

(一) 经济基础

重庆是全国重要的机械工业基地、常规兵器生气基地、综合化工基地、医药工业基地和仪器仪表工业基地。有以汽车、摩托车为主体的机械工业、以天然气化工和医药化工为重点的化学工业、以优质钢材和优质铝材为代表的冶金工业三大支柱产业以及一些优势行业为支撑的工业体系。有长安、嘉陵、建设、庆铃、太极、奥妮、华陶等一大批名企名品。特别是汽车、摩托车工业发展较快，重、轻、微型汽车和经济型轿车都已形成规模。

重庆农业基础地位巩固，具有开发立体农业和生态农业的有利条件。全市耕地面积 162.2 万 hm^2。农用耕地开发度较高，农林牧副渔全面发展，是全国重要的粮食生产区和商品猪肉生产基地。重庆还是全国著名的优质水果、榨菜、桐油、烤烟产地。桑蚕茧、家禽、茶叶等农产品也有较高的市场占有率。

(二) 交通体系

重庆因水而兴，水运交通发达，通过长江及其支流的嘉陵江、乌江、大宁河，使重庆从古至今与长江流域各主要经济带的联系紧密。成渝、川黔、襄渝三大铁路干线，四通八达的国道、省道公路以及新近快速发展的高速公路，成为重庆与全国各地紧密联系的交通动脉。至 2012 年 4 月重庆有 100 多条航空路线，它们是直达国内外 80 多个城市的最便捷的空中通道，其中国际客运航线 15 条。从而，重庆成为中国西部地区对外交通最为畅达的中心城市之一。

（三）商业发展

重庆是进出大西南的水上门户和商贾云集之地，是长江上游和西南地区重要的商品物资集散中心。重庆有各类消费品和生产资料综合市场 1 000 多个，粮油、肉类、蔬菜、水果等集贸市场 2 350 多个。其中解放碑商业步行街为西南地区的金融中心，长江上游的黄金商贸区，誉为"中国西部第一街"。

（四）发展机遇

2010 年，重庆成立两江新区。这标志着继上海浦东、天津滨海新区之后，我国第三个国家级开放开发重点新区的成立。它是中国内陆唯一的国家级新区。作为统筹城乡综合配套改革试验现行区，未来将建成我国内陆重要的先进制造业和现代服务业基地，长江上游地区的金融中心和创新中心，内陆地区对外开放的重要门户，科学发展的示范窗口。

重庆是沿江开放城市，有国家级的高新技术产业开发区和经济技术开发区以及 10 个省级开发区。重庆已与 120 多个国家和地区开展了经济贸易往来，在 28 个国家和地区建立了 70 多家企业和贸易机构，初步形成了全方位、多层次的对外开放格局。

2010 年重庆国内生产总值（GDP）同比增长 17%，位居全国第二、中西部第一，人均 GDP 超过 4 000 美元，高于全国平均水平。重庆经济处于高速发展阶段，一些重要领域的经济规模和实力有了突破性进展：工业销售值超过万亿，市属国有企业总资产达到 1.1 万亿，金融机构资产和存贷款金额均突破万亿。

（五）区域经济发展战略

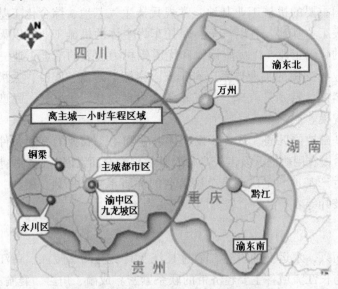

图 3.6　重庆"一圈两翼"经济发展战略格局

重庆经济格局最典型特征就是大城市与大农村并存、大工业与大农业并存、较小范围的都市发达地区与较大范围的农村欠发达地区并存。2006 年 11 月重庆市提出了"一圈两翼"发展战略，即以主城为核心、以大约一小时通勤距离为半径范围的城市经济区（"一圈"），建设以万州为中心的三峡库区城镇群（渝东北翼）和以黔江为中心的渝东南城镇群（渝东南翼），力争到 2020 年一小时经济圈内形成一个特大城市、五个大城市、七个中等城市、若干小城市的城市体系。"一圈两翼"的空间发展战略，构建起重庆统筹城乡发展的新格局。

一小时经济圈包括主城九区，以及永川区、江津区、合川区、南川区、涪陵区、长寿区、潼南县、铜梁县、大足区、荣昌县、璧山县、綦江区（共 21 个区县），是重庆经济、资本、产业高度集中区，基础设施较完善，科研力量雄厚，目前城市化率接近 70%，是重庆条件最好、发展潜力最大、对重庆全局和长远发展作用最为关键的地区。以此为核心，带动渝东北、渝东南两翼生态区的发展，形成中国西部的强力增长极。

"两翼"则以坚持开发式、开放式、救济式扶贫相结合，创新扶贫开发模式，利用资源优势，促进特色产业发展。其中渝东北翼包括万州区、城口县、巫溪县、巫山县、开县、云阳县、奉节县、梁平县、忠县、垫江县、丰都县（共 11 个区县）。经济发展主要着眼于"提速提档"，努力建成长江上游特色经济走廊、长江三峡国际黄金旅游带、长江流域重要生态屏障。渝东南翼包括黔江区、秀山县、酉阳县、石柱县、彭水县、武隆县（共 6 个区县），根据资源优势，着重于"做特做优"，努力建成武陵山区经济高地、民俗生态旅游带、扶贫开发示范区。

第四节　区域综合地理野外实习路线的选择

综合考虑重庆自然环境与经济社会发展的特点，将综合地理野外实习分为北碚—合川实习路线、綦江—南川实习路线、巫山—奉节实习路线和黔江—武隆实习路线。

北碚—合川实习路线处于渝西丘陵区。从学校出发沿着嘉陵江北上，从城市景观过渡到乡村景观，分别考察嘉陵江小三峡—缙云山亚热带常绿阔叶林—涞滩古镇—钓鱼城，中途进行乡村调查和紫色土剖面考察。此条线路具有多样的自然地理要素和丰富的人文景观。

綦江—南川实习路线位于渝中部平行岭谷区以南。以南温泉为起始点，依次考察綦江木化石—恐龙足迹国家地质公园、万盛喀斯特地貌—石林、金佛山植被与土壤，以及茶园新区的产业发展调研。本条路线以区域的自然环境与资源、开发模式与生态环境为主线，探讨人地关系的和谐发展。

巫山—奉节实习路线位于渝东北，有着壮丽的长江三峡，自然风貌和人文景观丰富多彩。三峡工程建设对库区影响较为深远。本条路线主要对三峡资源、文化、产业发展及移民情况进行考察，综合分析流域开发的条件、特征及变化，分析大型水利工程建设的利与弊，让学生对大型水利工程建设能有客观的评价与认识。

黔江—武隆实习路线主要集中在规模宏大的喀斯特地貌以及丰富多样的少数民族文化，同时对特殊的地貌类型——堰塞湖进行地质考察，并对整条路线的旅游开发进行评价。

综上所述，每一条实习路线都有显著的特点，考察对象都是该区域内自然、人文最为典型的代表，有利于学生深刻地了解不同自然地理要素的特点、形成原因以及各自然地理要素间的相互作用，帮助他们认识自然地理要素对人类经济活动的影响以及人类活动对自然地理环境的影响，培养正确的地理思维和分析问题、解决问题的实际能力。

第四章　北碚—合川实习路线

第一节　实习任务

　　本实习路线以嘉陵江及两岸的河流地貌、土壤、历史文化古迹和乡村地理为主要内容，从主城出发沿江北上，依次考察嘉陵江小三峡、紫色土、涞滩古镇、乡村聚落、钓鱼城和缙云山（见图4.1）。通过对自然环境各要素及人文景观的观察与了解，对实习区域的经济社会发展与自然地理环境之间的关系进行评价，探讨人地和谐发展的方法与途径。

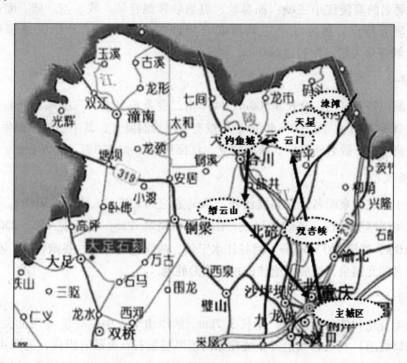

图4.1　北碚—合川实习路线示意图

第二节　知识铺垫

一、嘉陵江小三峡

峡谷是地壳由于新构造运动抬升以及流水或冰川下切下割所形成的。若在可溶性岩石区,还伴随有岩溶作用。在多种地质因素共同作用下而形成的谷地狭窄、两壁陡峭、重峦叠嶂、幽深宁静的景观,常常给人"山重水复疑无路,柳暗花明又一村"的惊喜。

(一)概况

嘉陵江发源于秦岭和岷山,纳百川而南流,在重庆朝天门注入长江,全长约1 100km。华蓥山背斜(山脉)在合川区三汇镇,向南西方向呈帚状分为三条次级背斜(山脉):沥鼻峡背斜(沥鼻峡山)、温塘峡背斜(缙云山)和观音峡背斜(中梁山,见图4.2)。在北碚—合川城区,嘉陵江从北西向南东穿流其间,切岭成峡、遇谷成沱,分别形成著名的嘉陵江小三峡:沥鼻峡、温塘峡和观音峡。峡、沱、碚、滩相间成串出现是其显著特点。嘉陵江小三峡西起合川区龙洞沱,东至北碚区施家梁,全长24.4km,峡谷最大切割深超过600m。

(二)沥鼻峡

从龙洞沱到方家沱,全长4 500m。两岸由二叠系长兴组、三叠系石灰岩和砂岩组成。峡宽200～300m,深200～400m。岸壁有多层溶洞发育,其中一洞形如牛鼻,常年有涓涓细流流出,故名沥鼻峡。峡岸壁立、江面狭窄、水流如箭、扣人心弦。

(三)温塘峡

因峡中有北温泉而名,又名温汤峡。从马家沱到大沱口,全长2 700m。两岸由三叠系须家河组厚层长石石英砂岩组成。山势高峻奇峰耸峙。峡谷宽150～250m,最窄处仅宽110m,谷深200～400m。河谷江水宁静,两岸古树森森,谷幽林秀,水落石出,再配以著名的北温泉,构成了绝佳的地学旅游胜地。

(四)观音峡

位于毛背沱和施家梁之间,全长3.7km。两岸由下、中三叠统(飞仙关组、嘉陵江组和雷口坡组)石灰岩和上三叠统须家河组厚层长石石英砂岩组成,见图4.2。谷深330～530m,谷宽200～300m。枯水期江面最窄处为150m。岸壁陡峭,伴多层溶洞;植被繁茂,育万种生灵。河水泉水沿崖飞泻直下,汽车、火车借江擦肩而行。江轮汽笛声声,渔船应和绵绵,更充满了峡之情趣,构成一幅亮丽的风景线。

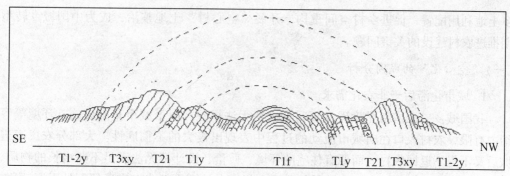

SE ——————————————————————— NW

T1-2y   T3xy   T21   T1y   T1f   T1y   T21   T3xy   T1-2y

图 4.2   观音背斜剖面示意图

二、紫色土

紫色土是一种深受紫色岩石影响的土壤，凡含有石灰性物质的紫色岩石出露之处，皆可见到。重庆紫色土有 171.27 万公顷，占土地总面积的 20.70%，集中在西北部方山丘陵区紫色砂、泥岩上。紫色土多呈紫红或紫红棕、紫暗棕色，也间有紫黑棕色，剖面上下颜色无明显差异。丘陵顶部或坡地上部的紫色土因受侵蚀影响，土层浅薄，往往在 10 余厘米下即可见到半风化物母岩，有些地区母岩裸露地表。丘陵下部虽承受上部侵蚀来的堆积物，但其厚度一般也不超过 1m。剖面层次发育不明显，没有显著的腐殖质层，表层以下即为母质层。剖面构型基本属 A－AC－C。只有在坡地平缓的草地或林地下，表层以下可见到核块状结构的心土层。人为耕作剖面为耕作层—心土层—母质层或耕作层—母质层。紫色土在南方丘陵地区属于比较肥沃的一类土壤，磷、钾素相当丰富，氮素较贫乏。

紫色土的形成有以下几个特点：

第一，形成紫色土的母岩石为石灰性紫红色砂岩、页岩，岩性疏松，吸热性强，易热胀冷缩而崩解，尤以高温季节更为强烈。加之地形起伏，植被稀少，土层侵蚀和堆积作用频繁，故成土时间短暂，长期处于幼年阶段。

第二，母岩中含有较多的碳酸钙等盐类。风化物在降雨后虽有碳酸盐类淋失，但由于土层不断被侵蚀和堆积，仍然保留着相当数量游离的碳酸钙，阻滞着盐基淋溶作用，延缓其成土过程，致使长期达不到富铝化阶段。许多性状继承了母质的原有特性。

第三，由于上述两点，矿物质化学风化作用十分微弱。在其粉砂粒部分中除石英外，尚有大量长石、云母等易风化的原生矿物颗粒。黏粒部分的矿物组成也以水云母或蒙脱类为主，硅铝率一般在 3.0 以上。并且在同一剖面中，土层间差异不大，仍然继承着母质特征。

三、乡村聚落的"空心化"

自 1978 年改革开放以来，中国工业化和城市化快速发展，对农村经济社会产生了深刻影响。随着农村人口非农转移与就业的增多，农民收入持续增加，农村住房需求不断增长。在农村建设规划缺失，土地严格管理缺位的情况下，形成了新房建设村外扩张、村内闲置的农村空心化现象，造成土地资源的严重破坏和浪费。因此，统筹城乡土地利用配置，促进乡村空间重构，开展"空心村"土地整治，成为中国城乡转型期推进农村建设的关键问题。

（一）"空心化"的成因分析

1. 城市化滞后于非农化需求

我国城乡二元体制性障碍在短时期内还无法根除。由于城市基础设施、环境等容纳力有限，农村人口在向城市流动的过程中表现出极大的不彻底性。大部分农民工进城后又不得不返回农村，而原有住宅的环境、质量、设计都无法满足不断增长的物质、精神需求。一部分农民富裕者开始把住房大规模向外围更新或向交通便利处无序迁移，形成村庄外缘"光亮"的局面。而另一部分暂时定居城市但尚未转化为市民的流动人口，基于城市就业不稳定、身份受歧视、工作环境恶劣等不利因素，仍然以房屋闲置的方式保留宅基地，使其成为生活的最后保障和农村居民身份的现实选择，形成了旧有村落"内糠"的局面。

2. 土地使用制度不完善

主要表现为：①产权制度不完善。目前，农村集体土地使用权的流转机制缺少相关的法律规范，对农村土地使用也无翔实且有针对性的约束规范机制，对于农村宅基地使用权的保障和行使，基本上是政策调整而尚未纳入土地使用权法律体系之中，导致集体土地使用权流转机制缺乏统一标准，权属不清、权责不明。②管理制度的不完善。突出表现为宅基地审批制度的随意性。另外，农村土地市场缺乏管理，使用权与所有权的二位一体，以及耕地与非农耕地的后期跟踪管理不到位，也促成农用耕地的流失，为"空心村"提供了生存的空间。

3. 迅速增长的住宅需求与乡村规划的滞后

住房消费是农民消费支出的主体，日益增长的住宅需求与乡村规划的非同步性，直接促成了"空心村"的产生。具体为：①对村庄零星废弃闲置旧宅管理的滞后性。②对成片旧宅整治和开发缺少统一性。③对有条件迁移城镇统一建房住居的农户缺少政策上的优惠性。④新宅基地选址的随意性和自发性。⑤新村规划、管理与旧村改造、整治的非同步性。这些不利因素共同导致农村人居环境失去了一次规模收缩、内涵发展的良机。

4. 旧有住宅布局、结构及组合缺陷

主要表现在两个方面：①旧有住宅布局无序，宅基地缺乏统一规划，严重地影响了住宅的通风、采光，也带来村庄内交通不便、排水不畅等弊端。旧有聚落越往内核越不方便，越不方便越往外迁，形成一种恶性循环。②旧宅拆除原址重建，无论是空间立体高度还是水平纵向深度都要超出原来规模，使得建房者与四周邻里协调工作任务重。如果再牵扯到旧宅山墙共用等问题，难度则更大。这也是促使新宅外迁的经济动因。

5. 家庭规模的小型化加剧了"空心村"

随着农村生活水平和消费理念的提高，农村青年结婚几乎都需新建二层楼房。这种家庭规模小型化、主干家庭逐渐向核心家庭过渡的趋势，引发了旧宅不废、添置新宅的高潮，加剧空心村"内糠外光"的程度。

综上所述，从城乡规划视角看，"空心村"是在城市化滞后与非农化的条件下，由迅速发展的村庄建设与落后的管理规划体制之间的矛盾所引起的村庄外围粗放型发展而内部衰败的空间形态分异现象。从村庄空间形态的角度看，"空心村"是在农村现代化的过程中，由于农业经济和就业结构的转变造成内部建设用地闲置的聚落空间形态异化现象。村庄向外无序扩散、粗放发展而内部闲置衰败，从微观层面表现出由内核向外围异化梯状分层，延缓了农业的发展和农村生态环境的改善，影响新农村建设的步伐。

（二）"空心化"带来的影响

1. 延缓人居环境的改善

旧有农村居民点规模小、数量多、布局分散，且空间结构、功能组合缺少科学性。这样就影响了村容村貌和居民生活，加大了村庄的道路修建和宅基水排放的难度，增加了农村电网、自来水、生物清洁能源、通信光缆、有线电视网络等工程改造和新建的成本。村庄内部更新滞缓，物质环境不断老化，生态环境不断恶化。

2. 阻碍农业发展，浪费耕地

新址选定具有随意性和自发性强，更有甚者为缩短耕作半径，往往新宅都建在自家责任田附近。这种仅注重便利性而忽略科学性与统一性的零乱散落的新宅布局有很多弊端：①不利于土地集约化耕作和机械化耕作方式的推广普及。②外迁新宅引起新宅四周耕地农作物的日照不足，遭家禽破坏严重等，降低周围耕地的生产能力。③新宅占用耕地，又因旧宅开荒难度大、复垦意识淡薄等因素，无法实现"占补平衡"。

3. 影响农村精神文明建设

"空心村"的无序状态弱化了农村居民的集体意识、卫生健康意识、环保节能意识以及科学消费意识。村内成为老年化、贫困化的象征，原来和睦的邻里关系随着不断的外迁而被打破。空心化给村内的老年人带来了孤寂，同时宅基地审批中因制度不健全存在的隐性行为，影响了基层干群关系和社会公平。

（三）"空心村"的整治

"空心村"整治必须从促进城乡要素有序流动和乡村地域空间优化重构的战略高度，因地制宜、分区推进。在实践中，针对城镇建设用地不足和农村用地相对低效的情况，国家先后出台有利于促进"空心村"整治的政策。如2004年10月国务院发布的《国务院关于深化改革严格土地管理的决定》中提出城镇建设用地增加与农村建设用地减少相挂钩政策，要严格控制建设用地增量，盘活土地存量，强化土地节约利用。2008年10月党的十七届三中全会《关于推进农村改革发展若干重大问题的决定》中提出要规范推进农村土地管理制度改革，开展农村宅基地和村庄整理，逐步建立城乡统一的建设用地市场。这些政策为深入开展"空心村"整治提供了重要依据。近年来，各地政府在积极推进"空心村"整治的行动中涌现出"迁村并点"、"旧村改造"、"城镇社区"等一些典型模式。但从各地区"空心村"整治的进展来看，仍存在急功近利、规划不到位、农民参与度不高等问题，基层干部甚至对"空心村"整治存在诸多认识上的误区。加之城乡二元体制性障碍在短时期内还无法根除，"空心村"的彻底根治还将是一个漫长的过程。

四、涞滩古镇

涞滩古镇建于宋代，是中国首批历史文化名镇，中国十大古镇之一，首批"中国最美村镇"之一。古镇三面悬崖峭壁，四座城门呈"十"字对称。寨墙全部由半米多长的条石砌成，墙高 7m，宽 2.5m。其中清同治元年增修的瓮城不仅为重庆唯一，且保存完整，城墙上刻有"众志成城"四个大字。

古镇山环水绕，体现了巴渝传统场镇选址的风水理念。山寨内街道尺度亲切宜人，民居宅院沿街巷依次排列。古镇建筑呈点线面结合的街巷结构，高宽比为 1∶1 的宜人尺度，呈现出典型的山寨式场镇风貌特色。目前古镇内还有 400 余间明清时期的小青瓦房，高低错落。200 余米的青石小巷古朴典雅，基本保持明清时代的原始风貌。其中，清代建筑文昌宫保存完好，戏楼平台外栏的木刻浮雕艺术价值极高，见图 4.3。

图 4.3　涞滩古镇的古戏台与木刻浮雕

涞滩古镇内的古庙建筑群体始建于唐，兴盛于宋，重建于清。主庙二佛古寺上殿坐落鹫峰山顶，分三个殿层，气势宏伟。二佛寺下殿最大一尊释迦牟尼佛像通高 12.5m，依岩镌凿，被称为"蜀中第二佛"。二佛寺的南宋石刻为我国第三石刻艺术高潮的代表作，总计有 42 龛窟，1 700 余尊造像，是我国规模最大的、罕见的佛教禅宗造像聚点，也是全国最大的禅宗道场之一。每年的农历 2 月 19 日、6 月 19 日和 9 月 19 日是涞滩庙会，万人云集，香火旺盛，热闹非凡。

五、钓鱼城

钓鱼城位于重庆市合川区合阳镇嘉陵江南岸钓鱼山上，距合川城东 5km，相对高度约 300m，占地 2.5km^2。山下嘉陵江、渠江、涪江三江汇流，南、北、西三面环水，地势十分险要。

南宋淳二年（1242 年），四川安抚制置史兼重庆知府彭大雅命甘闰初筑钓鱼城。钓鱼城分内、外城。外城筑在悬崖峭壁之上，城墙系条石垒成。城内有大片田地和四季不绝的丰富水源，周围山麓也有许多可耕田地。这一切使钓鱼城具备了长期坚守的必要地理条件以及依恃天险、易守难攻的特点。1254 年，合州守将王坚进一步完善城筑。1258 年，蒙哥挟西征欧亚非 40 余国的威势，分兵三路侵宋，一路所向披靡，但在钓鱼城主将王坚与副将张珏的顽强抗击下，却不能越雷池半步。次年 7 月，蒙哥被城上火炮击伤去世。此后钓鱼城保卫战长逾 36 年，写下中外战争史上罕见的以弱胜强的战例。

钓鱼城古战场遗址至今保存完好。主要景观有城门、城墙、皇宫、武道衙门、步军营、水军码头等遗址，有钓鱼台、护国寺、悬佛寺、千佛石窟、皇洞、天泉洞、飞檐洞等名胜古迹，还有元、明、清三代遗留的大量诗赋辞章、浮雕碑刻。1982 年，钓鱼城被列为国家级风景名胜区。它也是国家级文物保护单位。

六、缙云山国家级自然保护区

重庆缙云山自然保护区于 1979 年建立，2001 年建成国家级自然保护区。它地处重庆主城区，离城市中心区的直线距离仅 20 余 km。缙云山国家级自然保护区总面积 7 600hm^2，其中核心区 1 235hm^2，缓冲区 1 505hm^2，实验区 4 860hm^2，是以森林植被及其生境所形成的自然生态系统为主要保护对象的自然保护区。缙云山国家级自然保护区具有十分重要的保护价值，为重庆北大门的天然绿色屏障，是重庆的肺叶，为主城区附近的天然氧吧。缙云山森林覆盖率高，已达 96.6%。

（一）缙云山地质、地貌、土壤概况

缙云山属川东平行岭谷的温塘背斜之一段。因其轴部倾覆，故仅出露三叠系须家河厚层砂岩覆盖山顶，形成"一山一岭"，背斜两翼不对称，东陡西缓。须家河组砂岩在长期外力作用下，形成许多锯齿状垭口和峰脊，绵延横亘。由北至南耸拔的朝日、香炉、狮子、聚云、猿啸、莲花、宝塔、玉尖、夕照等九峰，瞩目远望，奇丽壮观。缙云山的主要土壤为山地酸性黄壤。

（二）气候概况

缙云山自然保护区具有亚热带季风湿润性气候特征，年平均气温 13.6℃，最热月（8 月）平均气温 24.3℃，最冷月（1 月）平均气温 3.1℃，极端最高温 36.2℃，极端最低温 -4.6℃，>10℃年积温为 4 272.4℃。相对湿度年平均 87%，水汽压年平均 14.9 毫巴。年平均降水量 1 611.8mm，最高年降水量 1 783.8mm，冬半年（当年 10 月至次年 3 月）降水量 368.0mm，占全年的 22.8%，夏半年（4 月至 9 月）降水量 1 243.8mm，占全年的 77.2%。年平均蒸发量 777.1mm，月平均蒸发量 64.7 毫米，7、8 两月蒸发量共 255.4mm，占全年的 32.8%。雾日数年平均 89.8 天，年平均日照时数低于 1 293 小时。

（三）缙云山植被概况

缙云山海拔最高 980m，属低山。在暖湿季风气候条件下，尤其是地质历史上，盆地内未受到第四纪冰川较大影响，不但原始植被郁郁葱葱，而且许多古老种类也得以保存。此外，由于寺庙僧侣的保护，兼之丰富的繁殖基因，使这个范围不大的地区植物区系得以发展。

第一，植物物种丰富多样，有植物 246 科、992 属、1 966 种。其中有国家级保护植物伯乐树、香果树、八角莲等45种，有模式植物缙云四照花、缙云紫金牛等38种，已鉴定的淡水藻类植物105种。种类如此繁多，确属罕见。

第二，缙云山自然保护区有长江流域保存较好的典型亚热带常绿阔叶林景观和相对稳定的生态系统，从一定程度上反映出了中亚热带森林生态系统的天然本底，是一个典型的亚热带常绿阔叶林生态综合体物种基因库。被子植被中重要的热带及亚热带的科、属有：壳斗科的栲属、栎属（见图4.4）、青冈属（见图4.5）及石栎属；樟科的樟属、木姜子属、新木姜子属、润楠属、琼楠属及山胡椒属；茶科的茶属、大头茶属、红淡属及本荷属；杜英科的杜英属及猴欢喜属；山矾科的山矾属；交让木科的虎皮楠属、桑科的榕属、五加科的鹅掌柴属、紫金牛科的紫金牛属及杜茎山属。

第三，缙云山区系起源古老，物种稀有性程度高，特有性显著。缙云山迄今尚保持一定数量的古老、珍稀和特有植物，对于研究四川盆地内植物区系演化、古地理环境、亚热带植被特点和恢复发展亚热带森林植被，在科学及生产实践上都有重要意义。主要珍稀种类：蕨类植物有松叶蕨、团扇蕨、观音坐莲、华南紫萁、桫椤、紫萁、芒萁、里白、狗脊、金毛狗、凤尾蕨、海企沙、石松等；种子植物有杉木、红豆杉、银杏、钟萼木、香果树、赤杨叶、无刺冠梨；特有种有缙云黑桫椤、缙云瘤足蕨、缙云铁线蕨、缙云狗脊、缙云槭、缙云猴欢喜、缙云四照花、缙云紫珠、北碚槭、北碚花椒等。山中还有世界罕见的活化石树——水杉。水杉是一种1.6亿万年前即存在的古生物物种。

图4.4　栎树

图4.5　青冈树

（四）植被演替

　　植被演替是指在某一时间段上，一种植物群落被另一种植被群落代替的过程。演替包括顺向和逆向两个方面的涵义。顺向演替是植物群落逐渐向符合该地区所处气候带的地带性植被发展，反映了群落生境条件的改善和自然生态平衡的良性循环过程。相反，逆向演替是群落生境条件不断恶化、自然生态平衡不断被破坏的过程。植被演替的基本原因是自然条件的变化，这一变化又主要来自人类经济活动。研究植被演替是植物地理学的重要内容之一。它不仅用于认识地理环境的变化，更主要的是在人和自然相互协调的关系中科学地利用和改建自然环境，从而达到保护自然环境，建立良好的生态平衡系统的目的。

　　缙云山属盆地低山，在垂直高度上都是常绿阔叶林的分布范围，故无垂直带谱表现。影响现状植被类型及分布的主要因素首先是受人为作用程度的大小；其次是局部地貌因素构成的生境条件，使之对水分、热量、光、土壤等产生分异，导致次生植被在演替序列上的差异，从而发育多种多样的植被类型。其主要植被类型有亚热带常绿阔叶林、常绿针阔混交林、亚热带马尾松林、灌草丛。根据对缙云山植被演替现象的初步观察，作示意图，如图4.6所示。

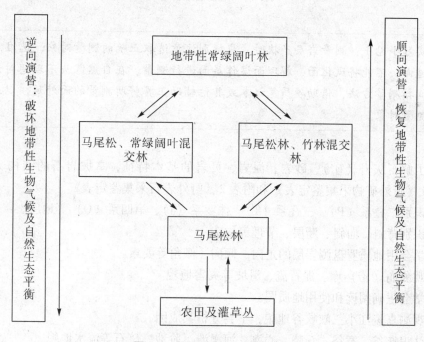

图4.6　缙云山植被演替示意图

第三节　实习内容

一、观音峡采石场实习点（见图4.7）

图4.7　观音峡采石场

> 　　**实习小贴士**：测量岩层产状时，应特别注意选取正确的测量对象，选准层面或构造面，不能将风化面、解理面误作层面进行测量。在自然露头不理想时，可采用间接测量方法，借助硬质笔记本或其他辅助工具将所测量的面外延，以此替代原测量对象。

　　1. 了解石灰岩（矿）、砂岩、泥岩、页岩的基本特征，掌握岩石的结构、构造；填附表1《野外矿物采集鉴定表》和附表2《野外岩石采集鉴定表》。

　　2. 识别二叠系（P）、三叠系（T）、侏罗系（J）、第四系（Q）等地层。

　　3. 识别背斜、向斜、断层、节理等构造。

　　4. 学会用地质罗盘测岩层的走向、倾向、倾角等要素。

　　5. 观测崩（垮）塌、泥石流、滑坡等灾害地貌。

　　6. 学会正确阅读和使用地质图。

　　7. 观测嘉陵江小三峡峡谷地貌，学会分析其成因。

　　8. 认识峡谷、宽谷、丘陵、心滩、河漫滩、阶地、碛石等流水地貌。

二、云门紫色土剖面实习点（见图4.8）

图4.8　云门实习点紫色土剖面

实习小贴士：初步掌握土壤剖面观察的基本方法。在分析所观察到的土壤剖面结构特点及其与环境条件之间关系的基础上，加深理解水、气、生物、岩石等的共同作用与土壤发育之间的关系。

1. 观察紫色页岩、砂岩的风化程度。
2. 观察土壤剖面，了解不同层次、特点（见附表15）。
3. 进行搓条试验及相关要素的野外快速测定、定名。
4. 对剖面进行测量、取样、观察土壤剖面环境条件（见附表13）。

三、涞滩古镇与二佛寺实习点

1. 了解古镇发展历史、建筑特色与空间格局。
2. 了解佛教石刻、庙宇建筑的布局、结构与风格，了解与体验宗教仪式。
3. 考察古镇与二佛寺所在的地质环境，分析其布局与山、水之间的关系。
4. 观察古镇周边农业发展情况，了解古镇旅游的开发和规划情况。对古镇居民随机进行走访，以了解当地居民对旅游开发的态度。

四、钓鱼城实习点

1. 观察方山丘陵地貌特征。
2. 观察河流阶地及其主要的人类活动。
3. 了解钓鱼城城防布局与地理环境的关系。
4. 考察古战场遗迹，分析其布局的科学性与严密性。
5. 参观佛教文化景观，观察不同年代佛教石刻的差异，并分析其特点。
6. 考察景区的旅游规划布局并进行评价。

五、天星村聚落"空心化"调研

1. 以 5 人为一小组与村民进行访谈。通过观察与交流了解乡村聚落的建筑、人口、生产及生活等基本情况，分析与总结村落"空心化"的表现与成因。通过对不同时期建筑材质、规模、风格等观察，了解乡村聚落的演变。

2. 调研具体内容与记录要点

对天星村聚落"空心化"的调研内容及要点按表 4.1 填写。

表 4.1 　　　　　　　　　　　　天星村聚落"空心化"调研表

访谈对象基本情况	
性别：　　　　　年龄：　　　　家庭人员构成：	
访谈主要内容	
居住房屋及环境	
家庭生产及经济	
村落历史变迁	
目前村落情况	
对当前生活评价	
对未来生活展望	
随意性交流内容	

第四节　实习拓展

1. 通过从重庆主城区到涞滩古镇的沿途观察，结合农业区位论，分析城市与乡村在产业、聚落、景观等方面的差异及其成因。并从文化景观的角度，探讨如何处理与协调乡土文化与现代文化之间的关系。

2. 以缙云山植被演替为例，分析植被演替与环境之间的关系。思考在大力发展乡村旅游的背景下，如何协调缙云山植被保护与当地居民经济发展之间的关系。

第五章　綦江—南川实习路线

第一节　实习任务

　　本实习路线途经巴南—綦江—万盛—南川，重点考察南温泉、綦江木化石——恐龙足迹国家地质公园、万盛石林、金佛山、茶园新区（见图 5.1）。通过对地质、古生物、岩溶地貌、山地植被、土壤与小气候、城市新建区产业规划的考察，了解渝南地区自然地理概况，分析各要素之间的相互联系和相互作用，并以此为基础，研究人类活动与区域环境的相互关系。

图 5.1　綦江—南川实习路线示意图

第二节　知识铺垫

一、南温泉地区地质地貌背景

南温泉地区为丘陵地形，夹于铜锣山、樵坪山两山之间，中部高、南北低，而东北和西南部为最低，大部分区域处于海拔 254～350m 之间。

南温泉背斜北起长江边重庆鸡冠石，南经南温泉，以北轴向 N15°E 延伸约 30km，高点在南温泉附近，为一扭曲的不对称背斜，背斜向北于长江倾伏。背斜东翼陡峭，西翼稍缓。背斜核部出露地层以二叠系长兴组（P_2c）灰岩、下三叠系飞仙关组（T_1f）灰岩夹页岩、嘉陵江组（T_1j）灰岩为主。翼部主要出露三叠系嘉陵江组（T_1j）、雷口坡组（T_1l）灰岩和须家河组（T_3x）碎屑岩。背斜系统可溶性岩被溶蚀后形成岩溶槽谷，地貌上呈现"一山两槽三岭"的形态。背斜地形总体上中部高，两端低。南温泉背斜自北向南依次被花溪河、箭滩河切穿，因此河流岸边均有温泉出露，见图 5.2。

区域内岩溶水主要分布于境内出露区三叠系、下统碳酸盐岩地层，赋存于碳酸盐岩层中的裂隙、溶隙、溶蚀孔洞及溶穴之中。其中浅层岩溶水埋深较浅，具潜水的水动力特征，水温和常温接近。其主要接受大气降水补给，向当地最低侵蚀基准面运动，受隔水底板顶托或受河流切割影响排泄于陡崖边、河谷底板或地势低洼处，即具"分散补给、统一径流、集中排泄"的补径排条件。浅层岩溶水受地下水分水岭控制，其径流因局部地形、构造、岩性的影响而方向多变，泉水出露位置高低不等。深部岩溶水系统埋深大，其补给来自远处可容岩层地表露头的大气降水入渗。降雨在岩溶槽谷内顺构造线沿可容岩层地层向深部径流，于背斜两翼加热形成热水。区内所见的"一山两槽三岭"的槽谷地区，其深部岩溶热水系统都存在两翼之分。岩溶槽谷顺沿背斜发育，一个区域内其深部岩溶热水补给、径流和排泄可能同时存在。

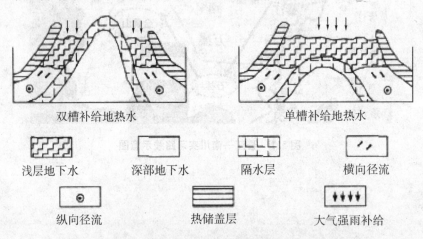

双槽补给地热水　　　　　　　　　　单槽补给地热水

浅层地下水　　深部地下水　　隔水层　　横向径流

纵向径流　　　　热储盖层　　　大气强雨补给

图 5.2　南温泉地区深部地下水、浅层地下水的划分示意图

资料来源：漆继红，许模，等. 川东铜锣山背斜——南温泉背斜温泉水力联系分析[J]. 人民长江，2011(6)：5-9.

南温泉地区的温泉多出露在花溪河南岸，水温达 42℃，每天的涌水量至少为
4 384m³。区内地热水主要埋藏于嘉陵江组碳酸盐岩地层中。南温泉地热水埋藏的深度
一般在 10～500m 左右。水质为硫酸盐型低温微咸热水，矿化度 2g/l 左右。该区地热水
的主要补给靠铜锣峡背斜中的地热水补给，其次靠温泉背斜轴部地区的"高位"岩溶
槽谷地下水补给。南温泉侧处于地热水的径流排泄区。

二、南温泉旅游资源及其开发

（一）区位条件及资源情况

南温泉风景名胜区位于巴南区南泉镇长江之南的花溪河畔，距离市区18km。南温
泉是重庆著名风景名胜区，温泉水出自明月峡，流经长生桥，于花溪河畔涌出地面。
景区群山蜿蜒、峰峦叠翠、山清水秀、景色宜人。南泉公园的泉水、建文峰的索道和
旱地雪橇、小泉宾馆的水乐宫、阳光温泉度假村的攀岩等是景区主要旅游内容。曾公
馆、林森别墅、蒋介石避机洞、国民党政府中央政治大学及蒋介石校长官邸旧址、孔
祥熙别墅孔园等具有浓厚的抗战陪都文化色彩。建文峰挺拔俊秀，相传是建文帝避难
隐居之地。

南温泉风景区包含了大泉、建文峰、白鹤林等绝大多数景区，景观资源丰富，景
点类型众多，具有山、水、林、泉、峡、洞、瀑等多种类型的自然景观。其温泉、花
卉、陪都遗址均有较高的知名度。南温泉风景区与南山风景区相互倚连，是重庆市主
城区的重要拓展区，是巴南区重点发展的区域，是旅、工、商、住等多元产业发展的
重点区域。

南温泉景区的自然地形地貌和人文地域文化特性相结合，构成了景区内山、水、
泉、林、洞、石、瀑、馆八大景观基本元素，结合分布群落，形成八大型态、六大景
观群，沿花溪河域成集群化分布在南泉公园、建文峰、小泉等景区内，景点集中且
紧凑。

六大景观区：

1. 泉景观群：南泉、小泉的温泉，"五湖占雨"的地下泉水。

2. 水景观群：花溪河、暗河、飞瀑。

3. 森林景观：千余亩郁郁葱葱的风景林。

4. 溶洞景观群：石灰岩层，如仙女洞、天门洞等。

5. 山峦景观群：四面皆山，五峰环列。

6. 民俗、陪都文化景观群：彭氏民居，蒋介石、林森、孔祥熙、陈立夫、陈果夫、
曾子维的官邸、公馆及别墅。

（二）旅游资源区域分异

旅游资源的空间分布总体上呈现出沿花溪河水系的带状特征。旅游资源的精华地
带是南温泉核心景区（南泉公园），其次是小泉景区。虎啸口南坡、建文峰及北坡是人
文景观资源最为集中的地带（见图5.3）。南泉镇区集自然与人文旅游资源于一体，既
是山泉水风景名镇，又是历史文化名镇，是重庆市主城区的旅游核心区。

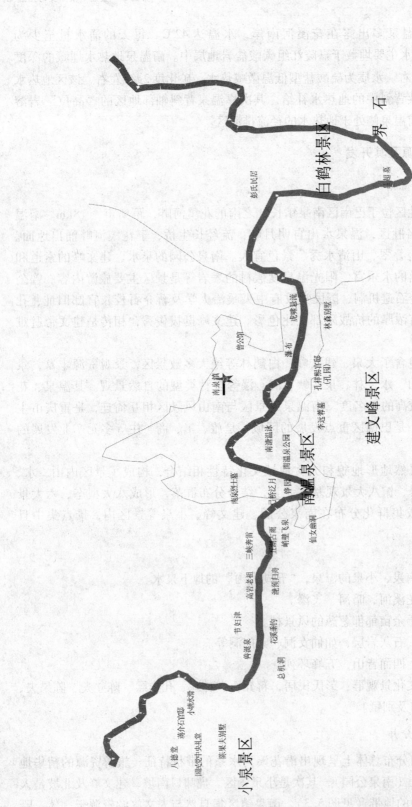

图 5.3　南温泉旅游资源分布图

小泉景区

八德堂
蒋介石官邸
国民党中央礼堂
陈果夫别墅
小泉大瀑布

南泉镇

曾公馆
南泉列士墓
虎啸悬流
瀑布
彭氏民居

白鹤林景区

界　石
虎头墓

建文峰景区

林森别墅
孔祥熙官邸
(孔园)
李远荣墓

黄桷泉
节妇津
高岩名祖
三峡奇险
监狱古南
峭壁飞泉
南温泉公园
南温泉景区
南温温泳
乱石泛月
峥园
仙女幽洞

总机洞
沧采事约
滴翠幽洲

南温泉景区：南温泉风景片区的中心景区和主要浏览区，面积 0.34km²。区内一级景点主要包括南塘温泳，二级景点有仙女幽岩、峭壁飞泉、虎啸悬流、弓桥泛月、五湖占雨、三峡奔雷六处，三级景点有文钦墓、李远蓉墓、曾公馆、烈士陵园、铧园、滟预归舟、花溪垂钓、金库洞、天门洞等。

小泉景区：小泉景区位于南泉镇西端的花溪河两岸，包括小泉宾馆（原国民党中央政治学校）及附近景点。景区以陪都遗迹、温泉、溪水为主要特色，是南温泉风景片区的主要浏览娱乐区和休疗养区，面积 0.31km²。区内一级景点有小塘水滑，二级景点有蒋介石官邸、陈果夫别墅，三级景点有高岩老祖、兽诞泉、节妇津、八德堂、国民党中央党校礼堂、侍从室、莲花池七处。

建文峰景区：建文峰景区位于建文峰一带，以森林景观和建文遗迹为主，面积 1.3km²。二级景点有建文遗迹，三级景点有孔祥熙公馆、林森别墅、猫儿洞。

白鹤林景区：白鹤林景区位于虎啸村至白鹤林一带的花溪河两岸，以田园风光为主要特色，面积为 0.18km²。二级景点有彭氏民居，三级景点有吕超墓。

三、綦江木化石——恐龙足迹国家地质公园

重庆綦江木化石——恐龙足迹地质公园位于重庆市綦江区境内，紧邻重庆市巴南区，由木化石景区、老瀛山恐龙足迹景区和古剑山景区组成。公园总面积为 108km²，其中木化石景区面积约 9.1km²，老瀛山恐龙足迹景区面积约 52.1km²，古剑山景区面积约为 46.9km²（见图 5.4）。2009 年 8 月通过国家地质遗迹保护（地质公园）评审委员会评审，并由国土资源部授予国家地质公园资格。

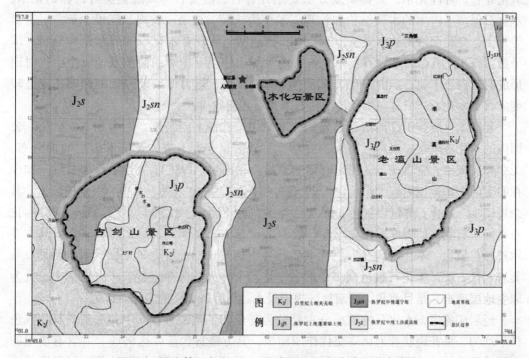

图 5.4　重庆綦江木化石——恐龙足迹国家地质公园地质图

綦江地质公园位于扬子地台东部，四川盆地东南缘，华蓥山帚状褶皱束南端的倾伏部。园区南部紧邻川鄂湘黔褶皱带。区内构造简单，构造以褶皱为主，断裂不发育，除白垩系上统夹关组地层分布区域外，其他区域节理裂隙都不发育。公园地质构造遗迹以波痕、平行层理、交错层理、泥裂、钙质结核以及不整合接触面为主，各类构造遗迹特征明显，具有较高的科普和观赏价值。区域地质环境相对稳定，新构造运动以不均衡间歇性抬升为主，在沿河两岸断续分布有多级陡崖与阶地。陡崖分布与河流的冲刷切割关系密切。园区地貌分区属黔北山区和四川盆地过渡区，主要地貌类型有深切丘陵、块状方山及侵蚀褶皱山地，地势南高北低。地貌景观的差异性在一定程度上表现了构造作用力的主导作用。公园融合中低山—丘陵地貌景观、水体景观、自然生态、人文景观，是集科考、科普、旅游观光和休闲度假等多种功能于一体的综合性地质公园。

1. 公园地质遗迹

地质遗迹是指在地球演化的漫长地质历史时期，由于地球内外力作用，形成、发展并遗留下来的珍贵的、不可再生的地质遗产，它是地质公园的核心资源。綦江地质公园是以古生物化石类为主，兼具丹霞地貌、沉积构造等地质遗迹为一体的综合类地质公园。公园内地质遗迹类型丰富、特征明显、组合奇特、分布集中。

（1）古植物化石：木化石

木化石又称石化木，是地质历史时期的树木经历地质变迁，埋藏在地层中经历地下水的化学交换、填充作用，从而化学物质结晶沉积在树木的木质部分，树木的原始结构被保留下来，形成木化石。它是已石化的植物次生木质部分，其物质成分主要是氧化硅者，称硅化木；其物质成分主要是方解石、白云石等碳酸盐类者，称钙化木。木化石保留了树木的木质结构和纹理，颜色为土黄、淡黄、黄褐、红褐、灰白、灰黑等为主，抛光面可具玻璃光泽，不透明或微透明。从现有木化石的残余结构分析，部分蛋白石木化石已转变为石英木化石，尚见脱水作用下的弯曲裂隙残留。中生代时期形成的蛋白石木化石，由于时间长远，受应力作用、热力作用及陈化的影响，现已转变成石英木化石，只有新生代的蛋白石木化石才得以保存。

綦江木化石产于古南镇马桑岩的侏罗系中统沙溪庙组地层，距今约1.5亿年。公园内的木化石丰富、清晰、高大、完整，并顺岩层走向分布，部分顺岩层倾向分布，无穿岩层现象。它再现了侏罗纪时期的原始森林面貌。1985年为当地村民发现。如今在圈定的保护范围内有大小木化石29根，枝条和碎块60余处，其中8根规模较大，其余规模小。木化石颜色以灰色和深灰色为主，树干粗大，纹理与年轮清晰。部分木化石尚保留有完好的树皮，树皮厚度一般为1cm左右，易剥离。经初步鉴定，属高大乔木松杉类植物。木化石硅化和钙化共生，外附树皮，部分可见树皮煤，国内罕见。马桑岩木化石群，木化石数量众多、形态丰富、个体大、保存完整、产出地集中，且为原生地层产出，是目前我国西南地区规模最大、保存最完整的木化石群之一。

经岩矿鉴定，木化石物质成分主要分为硅化和钙化两种。其中，深灰—灰色或色泽不均匀、呈花斑状者为钙质交代作用而成，其方解石含量可达99%，并含有少量的有机质和黄铁矿成分，为粗晶结构，节壳状、胶状构造，植物细胞构造，可见断续生长的年轮纹；颜色为浅灰、褐黄色者属硅化交代作用形成，其石英含量约为97%，有机质含量约3%，并含有少量方解石，为细晶结构、植物细胞构造。经初步统计，綦江木化石中发生硅化和钙化的数量约各占一半。宏观上，由硅化交代而成的木化石一般色泽均匀，结构致密，性脆，硬度较大；而由钙质交代而成的木化石一般硬度小，断面参差状，可见方解石晶面。依据木化石树干、树皮特征推测其为松衫石化而成。据木化石的展布情况推测，园区内有大量保存完好的木化石尚未出露。

（2）恐龙遗迹化石：足迹

恐龙遗迹化石群出露于三角镇红岩坪村陈家湾后山莲花保寨，其遗迹类型有恐龙足迹群和疑似恐龙皮肤、毛发的印痕。恐龙遗迹产出层位为白垩系上统夹关组下部的砂岩夹紫红色泥岩层中，砂岩交错层理发育，并见波痕构造。

目前园内夹关组中已经发现上中下三层恐龙足迹的层位。此次发现的恐龙遗迹群是目前西南地区白垩系地层中发现的最大规模恐龙遗迹群，在揭露面积约为 $20m \times 7m$ 的发掘地共分布有329个恐龙足迹。恐龙足迹形态整体上可分为椭圆形、梅花形、三趾形和不规则形四种。据中国地质科学院地质研究所分析，园内恐龙足迹分属于甲龙亚目、兽脚亚目和鸟脚亚目。命名的中国綦江足迹（新种）属甲龙亚目，共9个负型的前后足迹分布在含恐龙遗迹层的中下层位，前后足迹均为不规则形，其中前足迹为五指型，后足迹为四趾型，足迹大小平均为 $25m \times 30m$。命名的老瀛山足迹（新种）属鸟脚亚目，3个正型后足迹分布在含恐龙足迹的下部层位，足迹为三趾形，足迹大小平均为 $15cm \times 25cm$。命名的莲花卡利尔足迹（新种）属鸟脚亚目，共176个正负型后足迹分别分布在 3 个层位，前足迹为不规则形，后足迹为梅花形。根据足迹尺寸大小，莲花卡利尔足迹总体可分为大中小 3 类，其中大型足迹长 11 ~ 15cm，中型足迹长 7 ~ 8cm，小型足迹长约 3 ~ 5cm。命名的敏捷舞足迹（新种）属兽脚亚目，141 个负型后足迹分布在含恐龙足迹的下部层位，足迹为三趾形，足迹大小不一，足迹尺寸为 9 ~ 19cm。足迹群显示了恐龙的运动方向及速度。据统计，园区造迹恐龙的运动方向主要朝向北方，其次为北东和南东方向。造迹恐龙均处于慢速奔跑状态。除了恐龙足迹外，在恐龙足迹附近发现 5 处疑似恐龙皮肤和毛发印痕遗迹，其分布面积约 $4m^2$。疑似遗迹有待进一步研究。

綦江恐龙足迹化石是我国西南地区在白垩系上统发现的规模最大的恐龙足迹群，也是我国首次发现的甲龙亚目足迹。因其遗迹化石的形成条件复杂，保存和发现难度大，故科学价值重大。恐龙足迹化石数量众多、保存完整、形态生动，弥补了我国西南地区白垩纪地层未发现有恐龙遗迹化石的空白。

（3）碎屑岩地貌：丹霞地貌

丹霞地貌是指由一套红色、砖红色的砂砾岩层和红色砂泥岩层组成陡峻山壁或山峰，地层产状平缓，垂直节理发育，钙铁质不均匀胶结，在差异风化、重力崩塌等综合地质作用下，形成城堡状、金字塔状、柱状等形态奇特的孤峰、峰丛、石林或类岩溶景观。

公园内的丹霞地貌遗迹分布在公园东西两侧的白垩系分布区，约占公园总面积的

1/3 左右，是重庆市丹霞地貌最发育、分布最广泛的地区，其中以红岩坪虎山、老瀛山、瀛山、古剑山、西山坪等区域分布较为典型。在老瀛山顶海拔 1 000 余米处，连绵数千米的山体均由鹅卵石、砂岩、砾岩和页岩重叠构成，形成造型奇异的山型和悬崖绝壁，并伴随许多奇峰、方山、石墙、岩洞和悬崖绝壁。

地质专家朱顺之等人在这里考察时，根据崖壁上的鹅卵石进行推测后认为，这里是大约 1 亿年前的一个巨大湖泊，后来强烈的造山运动导致地壳上升，湖底被抬升为陆地，炎热的气候又使富含铁质的沉积物强烈氧化，形成极具观赏价值的红褐色岩石。公园象形山与象形石地质遗迹景观类型丰富、形态奇特、造型逼真，其中以三轿石、望夫石、万卷书、蛤蟆石、石柱等最为突出。公园内丹霞地貌特征典型、类型繁多、景观优美，是西南地区集大成者。

四、喀斯特地貌与万盛石林

喀斯特地貌是具有溶蚀力的水对可溶性岩石进行溶蚀等作用所形成的地表和地下形态的总称，又称岩溶地貌。除溶蚀作用以外，还包括流水的冲蚀、潜蚀以及坍陷等机械侵蚀过程。因前南斯拉夫西北部伊斯特拉半岛碳酸盐岩高原而得名。喀斯特地貌分布在世界各地的可溶性岩石地区。

（一）喀斯特地貌的主要类型

1. 溶沟和石芽

溶沟是指地表水沿岩石表面和裂隙流动过程中不断对岩石溶蚀和侵蚀，从而形成的石质沟槽。石芽指突出于溶沟之间的石脊，其实是溶沟形成过程中的残余物。云南地区的石林就是发育比较好的形态高大的石芽群。其形成条件是厚层、质纯、产状平缓、垂直节理稀疏和湿热的气候环境。

2. 天坑和竖井

主要是由于岩溶地面不断凹陷，形成漏斗状的圆形洼地或竖井状的洞，在我国的重庆和四川南部地区分布较为广泛，形成于陡峭的坡地两侧和洼地、盆地底部。因为流水沿着岩石的裂隙侵蚀强烈，所以天坑或竖井深达几十米到几百米。

3. 溶蚀洼地和溶蚀谷地

溶蚀洼地是一种范围广、近似圆形的封闭性岩溶洼地，四周多低山和峰林，底部平坦，雨季易涝、旱季易干，面积一般数平方千米至十几平方千米。溶蚀谷地是溶蚀洼地进一步扩大或融合而形成的。它受构造影响比较大，面积更广，一般数十平方千米至数百平方千米，呈平面条状分布，长达数十千米，底部平坦，常有地表径流。在我国云贵高原分布广泛，当地人称之为"坝"。

4. 干谷

干谷是地表径流消失后岩溶区遗留下来的谷地。形成原因是河流某一段河道水流沿着谷底的竖井或水洞流入地下，形成地下径流。地表径流转为地下径流的现象叫做伏流。还有一种形成原因是河道进行裁弯取直的结果。这样的地貌类型在我国华北地区和东北地区比较常见。

5. 峰林、峰丛、孤峰、天生桥

峰丛是可溶性岩受到强烈溶蚀而形成的山峰集合体。峰林是由峰丛进一步演化而成。在新构造作用下，峰林会随着地壳的上升转化为峰丛。山峰表现为锥状、塔状、圆柱状等尖锐峰体，表面发育石芽、溶沟，山峰之间常常有溶洞、竖井。孤峰是岩溶区孤立的石灰岩山峰，它需要地壳长期稳定而无太大的地质运动。天生桥是可溶性岩下部受流水溶蚀而形成的拱桥状地貌。

6. 地表钙华堆积

这是一类典型的地表喀斯特地貌，主要有瀑布华、钙华堤坝和岩溶泉华。瀑布华指地表瀑布水流速度陡然增大，内力作用减小，水中的 CO_2 外逸，形成瀑布华。我国贵州著名的黄果树瀑布就属于这一种。

钙华堤坝形成是溶解大量 $CaCO_3$ 的高山冰雪溶水和含大量 $CaCO_3$ 地下渗透的岩溶水在地下径流一段距离后，以泉的形式排出地表，随着水温增高和水流速度增大以及大量藻类植物的作用，形成了大量钙华沉积。钙华中含许多杂质和多种不同元素，并且有水生植物的影响，使得钙华呈现出多种色彩。这种地貌在我国四川黄龙寺一带分布较广。

7. 溶洞

溶洞是地下水沿可溶性岩的裂隙溶蚀扩张而形成的地下洞穴，是水的溶蚀作用、流水侵蚀以及重力作用的长期结果。它规模大小不一，大的可以容纳千人以上，小的连一个人都难以通过。它形态千奇百怪，溶洞中有许多奇特景观，如石笋、石柱、石钟乳、石幔等。溶洞景观在我国的湖南、四川、贵州、云南、广西壮族自治区等区域分布较为广泛。

(二) 万盛石林

万盛石林风景名胜区位于重庆市南部的万盛南天乡境内，属喀斯特地貌特征。形态多柱状，其次为蘑菇型，主要有剑峰石、石鼓、石塔、蘑菇石、石芽等形态。石林群峰壁立，千姿百态。石头多形似飞禽走兽，被地质学家称为天然石造的"动物乐园"。万盛石林大约形成年代为4.6亿年前，是我国目前考证最为古老的石林，曾被誉为巴渝十二景之一。万盛石林集"山、水、林、石、洞"为一体，景观千姿百态，以"稀、奇、古、怪"小巧玲珑的盆景式组合为特色，地表石林、地下溶洞景色综合性极强。景区分布相对集中，夏季气候凉爽宜人（见图5.5）。

图 5.5　万盛石林

　　景区以地表石林为代表的典型喀斯特地貌较为突出。群峰壁立，奇峰危石，可谓千姿百态，石门、石寨、石柱酷似人工堆叠，却无人工痕迹；飞禽走兽的石头，栩栩如生、惟妙惟肖；田园阡陌、炊烟袅袅，清泉碧池、悬崖雪瀑。其主要景观有情郎峰、香炉山、巨扇、地缝一线天、石鼓、将军石等数十处。

　　万盛石林景区不仅怪石林立，且地下溶洞景观遍布，主要为水平溶洞和垂直溶洞两种。水平溶洞有天门洞、过街楼溶洞、凉风洞、仙女洞、关马洞、偷牛洞、九龙洞、观音洞等。其中，数天门洞景观独特、造型别致，洞内石笋、石柱、石花、石幔，或吊、或立、或钳，各显其态，如玉器晶莹，如宫殿般辉煌。

　　万盛石林中许多石头上还会有一个个形似虾类、通体呈黄褐色的彩色化石——珠角石，它由 6 亿年前的海洋生物演变而成。其鲜艳的颜色来源于演变过程中体外含铁物质的置换作用。据考证，世界上化石的颜色多呈灰白色或没有颜色，如此具有鲜艳颜色并保存完好的化石非常少见。

　　万盛石林景区内约有 3 000 m^2 的世界和平碑林，极大地丰富了景区的文化内涵，加之当地苗家风情以及道光年间的古墓群，构成独具特色的人文景观。

五、金佛山国家自然保护区

　　金佛山于 2000 年 4 月由国务院批准成立为国家级自然保护区，主要保护对象为银杉、黑叶猴及森林生态系统。金佛山位于重庆南川市境内（东经 106°54′~107°27′，北纬 28°46′~29°38′），东接贵州省道真县，南邻贵州省正安县、桐梓县，西连万盛区、綦江县、巴南区，北与涪陵接壤，最高点为风吹岭，海拔 2 251 m，最低点在骑龙乡柏林的鱼跳岩，海拔 340 m，相对高差 1 911 m，面积 1 300 km^2。

金佛山属贵州大娄山东段的一条支脉，形成于燕山运动后期，其后又受到喜马拉雅造山运动的影响，在长期的内外营力的作用下，形成了深沟峡谷、峭壁悬崖和无数大断层。山体主要由灰岩和石灰岩组成，局部地区分布有玄武岩、页岩、砂岩及变质岩等。区内土壤分布因受地质构造和生物气候因素的相互作用，具有地带性和区域性及明显的垂直带状分布的特点。其主要成土母质为石灰岩、砂岩和页岩等，主要土壤类型有黄壤、黄棕壤及少量亚高山草甸土。

金佛山属亚热带湿润季风气候区，全年气候温和，四季分明，雨量充沛，既无严寒，又无酷暑，立体气候明显。根据位于南川市金山镇海拔 1 800m 的金佛山气象观测站的多年观测记录，金佛山年平均气温 8.3℃，极端低温 -14.4℃，极端高温 29.2℃，年平均降水量 1 395.5mm，平均日照时数 1 079.4 小时，平均 10℃ 的活动积温 5 435℃，相对湿度 90%。保护区内的河流属长江流域的乌江水系和綦江水系，地表水以河流、水库等形式分布。河流呈树枝状遍布于区域内的腹心地带，主要河流有鱼泉河、龙岩江、半溪沟、石梁河、凤咀江等。

金佛山长期受太平洋湿润季风气候的影响，生物气候条件十分优越，再加之第四纪冰川运动时受到的影响很小，部分亚热带珍稀濒危植物得到保存、繁衍和发展。故区内植物种类繁多，类型复杂多样、形态特征各异，不同地质年代的植物和不同区系成分的植物常常混合在一个植物群落里，珍稀、孑遗植物也相当丰富，是我国不可多得的中亚热带植物集中分布中心之一，赢得了"天然植物基因库"和"天然植物园"的美称。保护区已知高等植物 302 科、1 607 属、5 849 种。其中，属国家一、二、三级重点保护植物有银杉、银杏、珙桐、红豆杉、水青树、香果树、连香树、金佛山兰、独花兰等 298 种，特有植物 129 种，模式产地植物 471 种。充足的食源和原始的栖息环境是不同野生动物赖以生存和栖息的源泉，孕育了金佛山种类繁多、形态结构丰富的动物资源。动物有 324 科、1 762 种。属国家一、二级重点保护动物有白颊黑叶猴、黔金丝猴、云豹、金钱豹、大灵猫、穿山甲、绿尾虹雉、白腹锦鸡、金雕等 53 种，近年还发现有白猴、白蛇等白化动物。保护区森林植被区系组成十分复杂，群落繁多，垂直分布明显。根据不同海拔植物种类出现的差异，可划分为 4 个垂直带：山脚沟谷偏湿性常绿阔叶林带；浅丘偏暖性针叶林带；山腰偏暖性阔叶、针叶混交林带；山顶落叶、常绿阔叶林与竹类偏寒湿林带。

六、茶园新区产业发展与布局

茶园新区位于重庆主城东部，隶属于重庆南岸区，规划面积 120km²，可建设面积 74km²，人口约 50 万，是重庆市重点发展的城市副中心和最具活力的生态区。新区建设总体构想是以"工业化带动城市化、城市化带动工业化"的理念进行规划建设。新区市政道路长约 13.86km，景观绿化面积约 83 160m²，核心区小公园绿化面积约 82 617m²，充分体现出生态城市所具有的良好环境。

(一) 产业发展

茶园新区重点发展新型工业、现代物流、国际会展、都市旅游四大产业，规划了茶园工业园、长江工业园、东港工业园等占地 25km² 的三大工业园区，以引进投资规模大、技术水平高、经济效益好以及环保型的投资项目为主要目标，重点发展电子电器（IT）制造业、机械装备制造业，并大力扶持包装印刷业、生物医药业、纺织服装业。以 TCL 移动通信、重庆雅戈尔服饰有限公司、广东美的集团、宁波雅戈尔集团、重庆机电控股集团、重庆长江电工厂、重庆市迪马实业股份有限公司和劲佳印务为龙头的企业集群正逐步形成。

茶园新区的发展是重庆城区功能"退二进三"，工业向特色园区集中发展的具体落实。从空间布局上来说，工业项目逐渐向主城区内外环之间的特色产业园区和各区县产业园区集中；从产业门类来看，都市区主要发展科技含量高、附加值高、成长性高、污染低、能耗低的主导产业门类，而其他产业则分布在区县各产业园区内。

（二）产业类型

1. 消费类电子产业

目前重庆市电子产业发展呈现出差异化、错位化格局：西永主要以集成电路、软件及信息服务产业为主，北部新区以光电子产业和软件产业为主，茶园新区以消费类电子产业为主。消费类电子产业主要包括：移动通信产业、计算机及计算机应用产业、光电产业等。

（1）移动通信产业：一是通信终端及设备制造。该产业以国虹数码科技园、东矽多模、重邮信科等 3G 产业链项目为主体。二是技术研发、芯片设计、整体服务方案设计。重邮信科掌握有 TD－SCDMA 无线终端核心技术，保有 TD－LTE 演进技术的研发优势和提供电子制造智能服务整体方案的技术。

（2）计算机及计算机应用产业：西南计算机及万利达均有一体机开发与生产业务；重庆东矽多模科技有限公司则从事笔记本电脑、液晶电视、数字电视机顶盒的生产；西南计算机则具有生产综合消费类电子系统及计算机应用类产品能力；万利达则有计算机与传统家用电子融合的产品研发基础。

（3）光电产业：该产业目前主要是发光二极管（LED）技术的产品开发，如 LED 照明、LED 户外屏等应用产品。该产业以万利达企业为主体，产业链尚待建设发展，应壮大存量和引进量并举。

南岸区已在茶园工业园科技拓展区规划了 2km² 的消费类电子产业园，启动区面积 68.4hm²。现已签约入驻科技拓展区的项目包括重邮信科、东矽多模码工业园、国虹数码科技园等，总投资达 40 亿元。到 2011 年工业总产值约 300 亿元。园区项目投资强度 40 亿元/平方千米，计划产出强度 150 亿元/平方千米。

2. 装备制造产业

装备制造产业是一个资金密集型和技术密集型相结合的产业，产业呈现出高盈利性和高成长性两大鲜明特点。"十一五"以来，茶园新区装备制造产业以年均 45% 的速度快速发展，已逐渐成长为茶园新区支柱产业，主要包括：机电装备制造业、汽车摩托车装备制造业、船舶装备制造业、新能源装备制造业等。

（1）机电装备制造业：茶园新区以机电产业园核心企业为龙头，引导中小企业集聚，形成了龙头企业和中小企业互动的产业格局。茶园新区组织刀具、刃具、量具产业化，推广采用直驱技术、复合加工，攻克主轴加工技术，打造中国重要的机床制造基地。

（2）汽车摩托车装备制造业：茶园新区依托重庆迪马股份公司，重点发展以防弹运钞车、警用车为重点的特种汽车及其产业链，短期内将成为全国重要的特种汽车生产基地。同时，茶园新区也在做大做强摩托车制造业及其产业链，依托隆鑫工业集团有限公司等摩托车龙头企业，以整车企业为龙头，加快形成区域内配套齐全、合作紧密的产业集群，引导形成一批集研发设计制造于一身、竞争力强的整车和零配件企业。

（3）船舶装备制造业：茶园新区依托东港船舶产业公司，现已建成 5 000 吨级和 15 000 吨级两条特种船舶生产线。同时，围绕总装生产线，推进造船生产体系改造，引进、培育中间产品专业协作厂，提高船舶工业关键配套部件生产企业的生产能力，推动总装厂和专业化协作厂形成动态联盟，建立面向国内外供货的零部件产业基地，以提升装船率。

（4）新能源装备制造业：茶园新区以重庆通用公司为依托，通过招商引资发展风电配套装备、核电辅助设备，形成新能源装备制造产业链，建成重庆市重要的核电辅助配套设备产业基地。

（三）产业空间布局

我国产业园区发展的历史进程经历了以招商引资为主要目的的经济技术开发区、以制造业和产业集群为特征的工业园区、以实现科技创新和产业孵化功能的高新技术产业园区三个阶段。茶园新区处于从第二阶段向第三阶段过渡的时期。在这个阶段，招商引资已经达到一定规模，产业的相对积聚特征已经显现。目前园区内产业发展需要进一步提高水平，并向产业升级、科技创新和发挥产业孵化功能阶段过渡。因此，在这个阶段产业园区的产业布局及主导产业选择将直接影响着园区的后续发展。茶园新区经过多年的努力和培育，现产业布局已初具规模。

茶园新区目前主要包括茶园工业园、长江工业园和东港工业园三大园区。

1. 茶园工业园

茶园工业园区以引进投资大、技术高、效益好以及环保型的投资项目为主要目标，重点发展以金属加工机械制造业、摩托车制造业及通用设备制造业等主体的装备制造业和以移动通信及终端设备制造业等为主体的消费类电子产业，并大力扶持包装印刷业、生物医药业。目前，以广东美的集团、国虹通信、东矽多模、迪马实业为龙头的企业集群正逐步形成。

2. 长江工业园

长江工业园的功能定位是"以制造业为主，利用外资、出口创汇为主，致力于发展高新技术"，最终建成以新型工业化为主导的都市工业区。长江工业园着力打造三大产业：一是机械行业，以汽车配套件、摩托车关键零部件及其模具的研发、制造为重点；二是医药产业，以生物技术和新医药、新工艺、新设备的研发、生产为重点；三是都市工业，以纺织服装、包装印刷、食品加工为重点。

3. 东港工业园

东港工业园是建设船舶制造和重型机械产业的军工企业扩张迁建基地。园区坚持以船舶产业园为核心，以特种船舶制造、现代物流两大产业为支柱，规划打造"科技高、效益好、消耗低、污染少、人力资源优势充分发挥"的生态型、工业化、现代化的新型特色临港工业园。

第三节　实习内容

一、南温泉实习点

（一）温泉水质调查

1. 调查泉的位置，泉水出露的地貌部位，泉的高程（绝对高程和相对高程）。

2. 调查泉水露头处岩性和构造条件，确定构造条件与泉水补给的关系，确定补给泉水的含水层及泉的类型。

3. 观测泉水的物理性质，取化学分析用的水样，测量泉水的水温和流量，调查泉水流量的稳定性，调查泉水的动态变化，观察泉水附近有无特殊的沉积物。

4. 调查泉水的利用状况及进一步扩大利用的可能，如能否饮用和灌溉。

5. 填写泉水调查记录表（见附表12）。

（二）旅游资源及市场调查

1. 分析和调查南温泉景区的山、水、泉、林、洞、石、瀑、馆八大景观基本元素的特点，六大景观区的分布及特点。分析和统计南温泉景点资源，并完成统计表（见表5.1）。

表5.1　　　　　　　　　　南泉景区景点资源统计表

自然景点资源（38处）			人文景点资源（12处）	
水文景观	地文景观	生物景观	古迹与建筑遗迹	社会风情
河流（　）	山岳（　）	森林（　）	古建筑与遗址（　）	旅游商品（　）
水库（　）	溶洞（　）	景观林（　）	陪都公馆（　）	
温泉（　）	岩石（　）	田园风光（　）	宗教建筑（　）	
冷泉（　）				
瀑布（　）				

2. 调查主要风景点可能容纳的游客数量、游客停留时间、旅游者的兴趣点和观感，以及不同年龄段、文化水平、职业的游客数量等。

3. 对旅游路线设计，包括乘车、步行的交通配置，各景点之间的距离、所需时间，路线的组织结构等进行调研。同时，调查景区旅游服务设施配置情况，如卫生间、饮食、导游服务等。

4. 考察景区环境问题，如自然环境的利用、人工景观的搭配、垃圾的处理等。

二、綦江木化石——恐龙足迹国家地质公园实习点

1. 观察木化石形态，了解其形成原因及过程。

2. 观察恐龙遗迹，了解其形成过程及其地质演变。

3. 观察各种丹霞地貌，了解其不同形态的形成过程及其差异，并对丹霞地貌的美感进行评价。了解对目前地质公园的发展状态及规划前景。

三、万盛石林喀斯特地貌实习点

1. 观察测量地层产状以及断裂和节理的走向和倾向，观察喀斯特地貌发育的岩性特征（组成、结构等）。

2. 测量洞外温度、湿度、地表水和土壤 PH，有条件的可以测量大气、土壤和水的 CO_2 含量或者浓度。

3. 选择一块溶沟和石芽发育较好的岩石面，测量岩石面的倾向和坡度，观察石芽、溶沟的走向，看是否顺坡发育，分析其与地层产状、节理产状之间的关系。

4. 测试植被所在地土壤的酸性是否比无植物生长地方的岩石表面风化壳的大一些，从而分析植被对溶沟发展的影响。

5. 了解石林各种形态地貌，并分析其形成原因。

6. 观察溶洞石灰岩地貌的各种特征，分析其形成与沉积环境的关系，考察影响洞内石灰岩地貌发育的主要因素。

四、金佛山国家自然保护区实习点

1. 观察银杉、银杏等珍稀特有植物种的形态特征。

2. 找出几个垂直地带的界限高度，用 GPS 量测其海拔高度，利用温度计和湿度计测量界限附近的气温、地温和湿度，并记入到附表 17。

3. 观察不同高度上的土壤和植被特点，绘制其随高程变化的示意图，并分析原因。观察不同坡向（高度）的植被，分析植被、土壤、水分的相互影响。

4. 分别测量山麓、山坡、山顶处的风速和风向。

5. 把所有观测和观察数据都填入到垂直地带性实习记录表（见附表 17）。

五、茶园新区实习点

1. 考察茶园新区自然地理环境，并调查其产业发展条件及开发区和工业园区发展情况，了解产业类型、规模与分布。

2. 观察产业布局与生态建设情况，了解绿地空间布局与产业布局的关系。

第四节　实习拓展

1. 通过观察硅化木——恐龙足迹化石特征，分析形成的古地理环境。讨论地质公园内珍稀特有植物、古生物及足迹化石对古地质、古气候研究的重要性。针对地质公园的环境容量，初步计算旅游开发的最佳游客规模。

2. 结合考察茶园新区的产业发展和生态环境情况，分析其工业发展现状、主要问题及产生原因，以小组为单位进行讨论，最后拟订一份针对茶园工业园区发展的环境规划方案。

第六章 巫山—奉节实习路线

第一节 实习任务

本实习路线位于三峡库区核心段，拥有大量丰富的历史文化古迹及壮丽的自然景观。以白帝城、天坑—地缝、安平乡、永安镇、大宁河小三峡以及大昌古镇为实习点（见图6.1），考察三峡库区的地质地貌、资源环境、历史文化、农业商品化发展及移民安置情况，了解实习区域资源开发的条件、方式、过程及对周边环境的影响，深入分析三峡工程建设对库区经济、社会、文化和生态带来的变化。

图6.1 巫山—奉节实习路线示意图

第二节　知识铺垫

一、长江三峡地质地貌背景

长江三峡西起重庆市奉节县白帝城，东至湖北省宜昌市南津关，长204km。自白帝城至黛溪称瞿塘峡，巫山至巴东官渡口称巫峡，秭归香溪至南津关称西陵峡。

（一）地质演化历史

25亿年前，三峡地区是一片汪洋，属于古地中海的一部分。漫长而稳定的浅海环境使三峡地区形成了深厚而广布的石灰岩地层。这些石灰岩是广泛分布于三峡地区的喀斯特地貌形成的物质基础。距今25亿年前的太古代末期发生了强大的造山运动，在黄陵庙一带岩浆侵入，海水退却，三峡地区首次出现陆地，成为汪洋中的一座小岛。在距今2亿年前的中生代，发生了影响更大的造山运动，使三峡地区全部成为陆地。由于云贵高原、四川湖盆北部抬升，湖盆南部相对发生凹陷，故金沙江水、古雅砻江水、古嘉陵江水先后进入四川湖盆。湖盆汇集诸水后，水位抬高，于是湖水便沿着巫山背斜的低洼部分，经秭归盆地，穿越黄陵背斜轴部东流，在流水与构造的双重作用下，古长江的三峡江段终于形成。新生代以后，三峡地壳继续抬升，江水强烈下切，石灰岩层经过江水侵蚀破坏，沿裂隙发生崩塌，形成幽深的峡谷，而在其他岩性比较松软、抗蚀能力较差的砂页岩地段则形成宽谷。由于上述地质原因，自西向东依次形成了瞿塘峡、大宁河宽谷、巫峡、香溪宽谷、西陵峡西段、庙南宽谷、西陵峡东段共七节峡谷与宽谷相间分布的江段。

（二）地质地貌

长江三峡地区以大巴山脉和巫山山脉为骨架，以中山、低山和峡谷等侵蚀地貌景观为主，自西向东跨越了我国地貌上的第二和第三两个大阶梯。地势中段高，向东、西两侧降低；南北两侧高，中部长江一线最低。西邻四川盆地边缘山脉高山峡谷区，东与长江中下游平原丘陵区连接。

区内山脉总体走向与大的构造线方向一致。在新构造运动的影响下，山体上部有多级台面发育，显示出峰峦叠嶂的层状地貌景观。该地区在大地构造上属于扬子准地台，基底主要由早元古、晚元古变质火山、碎屑岩及侵入其间的岩浆岩组成。三峡地区地层从老至新出露比较全，除缺失自留系上统、泥盆系下统、石炭系上统和第三系外，自前震旦系崆岭群至第四系皆有出露。地层分布总体以黄陵背斜核部为界，东、西两侧地层依次从老到新分布。黄陵背斜核部及周围主要出露变质岩、岩浆岩和花岗混合岩。在漫长的地质长河中，经历了各种地质营力的营造，地貌类型发育齐全，自然地质遗迹丰富多样，见图6.2。

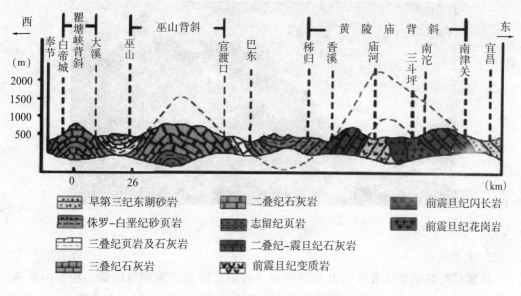

图 6.2　三峡地质剖面示意图

资料来源：绕开永. 长江三峡地质遗迹类型及成因的构造初步分析 [J]. 科技创业，2010（1）：136 - 137.

（三）主要地质构造

　　三峡地区地貌特征明显受地质构造控制，主要山脉与构造线一致。巫山县城以东山脉多呈近南北向，西部山脉则大体呈北东—南西走向。三峡地区主要经历的三次较强的构造变动，不仅在岩体中留下了不同形式和规模的构造形迹，也控制了本区沉积建造的序列特征，构成了基底构造层和盖层下、中、上三个构造层。三峡地区构造格架总体特征，受黄陵、神农架两地块的控制，呈现一系列弧形褶皱构造，从西向东有规律地由近南北向逐渐转向南南东至南东到南东东向，最后以近东西向与南北走向的秭归向斜交接。区域内褶皱与断裂以及节理等其他构造体十分发育，其形态组合也千姿百态。

　　1. 褶皱构造

　　区域内褶皱十分发育。自西向东白帝城至官渡口东段发育有齐跃山背斜、巫山向斜、巫山背斜、青石背斜等褶皱；官渡口至三斗坪发育有秭归向斜和黄陵背斜等。在三峡地区，纵弯褶皱作用和横弯褶皱作用都有所体现。巫山向斜、巫山背斜（见图6.3）是典型的纵弯褶皱作用。同时，三峡地区也有着横弯褶皱作用引起的底辟构造或同沉积褶皱等。

图 6.3　巫山背斜

2. 断裂构造

　　该区域断裂主要位于奉节以东的峡谷，如阳日断裂、雾都河断裂、仙女山断裂、九湾溪断裂、新华断裂、牛口断裂、华蓥山断裂、天阳坪断裂等。在奉节西南主要有齐跃山断裂。区内主要断裂在规模、方向配置及发展历史等方面有很大差异，与其所在构造单元相适应。这些区域构造特征主要是在燕山运动晚期至喜山运动早期形成的，是长江河谷地貌发育演化的基本构造地质背景。

3. 节理构造

　　本区段的节理构造在花岗岩、碳酸盐岩、白云岩中也十分发育，共有数期构造节理和数组原生节理。构造节理分别为燕山期、华中期和喜山期。它们对各峡谷的形成与演化起着极其重要的作用。

4. 劈理、路线构造

　　劈理、路线构造在该地区分布很广，主要是由于褶皱区构造运动太剧烈导致岩石的无定向移动与相互挤压所致。此外，三峡大坝的建设对该区地质环境也产生了一定影响。

二、长江三峡文化的主要类型

　　三峡文化是以三峡地区特殊的自然和人文地理位置优势以及生产力发展水平为基础的具有认同性和归趋性的文化体系，即三峡地区的一切物质文化和精神文化的总和。三峡文化有着自身的生成机制、结构形态、基本精神、历史演进过程，是中华文化的一个细胞和有机组成部分。自古以来，三峡就是多元文化交融的区域。在三峡的历史发展中，三峡文化是巴文化、楚文化、中原文化、少数民族文化（如土家族和苗族的先民文化）、外来宗教文化、现代文化相互交融的结果。多种文化的交融对三峡文化的多样性奠定了基础。

（一）巴文化

　　在夏朝建立前后，我国西南地区已有巴人活动。约公元前 8 世纪左右，今川东和重庆一带出现巴国。巴人在原始社会时期以狩猎为主，常迁徙，悉水性，能造船，善掷剑射箭，生产工具以石器为主，以白虎为图腾。在春秋时代，巴族建立了奴隶制诸侯国，是一个比较崇尚武力的民族。他们创造了丰富的农业文化、手工业文化，并开始过定居式生活，一般沿水而居。为了使建筑防潮，建造了特殊的房屋吊脚楼。生活用具主要是陶器，以捕鱼、打猎、种植水稻为主要生活来源，渔业在其经济生活中占有重要地位。金属工艺较高，能够制作出连续对称的云、水纹图案，线条流畅，制陶工艺和编织技术也很熟练。掌握了轮制的技术、制盐技术并创造了盐文化，以盐作为进贡周王朝的贡品。两汉时期在巴人地区设置盐官，增收盐税。巴人用盐作为宗庙祭祀的祭品，将它看作是洁白、吉祥的象征，并创造了盐神，加以顶礼膜拜。巴人还掌握了生产漆和用漆的技术，制作了漆盒、漆盘、漆梳等物品，并开始生产麻布和绢。巴人建立了自己的城市，随着城市的建立商业进一步发展，开设了"市"和"关卡"。他们以船棺葬和木棺葬为主，并且有人殉葬、人祭的习俗。巴族是爱好音乐歌舞的民族，巴渝舞是其代表，但是巴人没有文字。在巴国被秦所灭之后，巴文化先与楚文化融合，继而又同楚文化一起共同融入华夏文化共同体。

（二）民生文化

民生文化主要指体现在衣、食、住、行等物质生活方面的文化。

桑蚕丝帛文化是三峡地区服饰文化的特色。史载夏禹在涂山举行盟会时，"执玉帛者万国，巴、蜀往焉"，可见当时巴人就以丝帛作为贡品。时至今日，三峡地区的人们在婚丧嫁娶中仍以丝帛作为最珍贵的礼品。今峡江地区流行的西兰卡普和民间挑花是丝帛文化的现代珍品。

鱼盐茶橘文化是三峡地区饮食文化的特色。三峡人傍水而居，渔业在经济生活中占有较大比重。长阳香炉石等夏商周文化遗址出土了大量的鱼钩、网坠、渔猎敲砸器具等。三峡地区的居民歌鱼、绘鱼、祭鱼的崇鱼之风为他地所莫及。三峡地区自古为食盐的重要产地，《水经注·江水》、《华阳国志·巴志》均谓三峡乃至川东是盐业的兴盛之地。在三峡地区，大盐井比比皆是，如奉节的白盐碛、云阳的云安井、开县的温汤井、万州的长滩井、忠县的涂井、长宁的安宁井和恩施的盐泉等都是古今闻名的盐井。

三峡地区是我国最早的产茶地区。茶作为一种饮料被广泛饮用，始于汉代巴蜀地区。茶从野生到家植，从引用鲜叶到精细加工，是三峡人民的巨大贡献。橘是三峡地区最负盛名的水果，《史记·货殖列传》谓："蜀汉江陵千橘树。"时至今日，橘仍是峡江人们重要的经济作物和最喜食的水果。峡江人民最喜爱的特色食物菜肴是金包银（玉米粉拌熟大米蒸饭）、懒豆腐、炕洋芋、火锅和杂广椒。

三峡地区地形复杂，气候湿润。古代巴人因地制宜并受到楚人"层台累榭"的影响，创造了房屋底部架空的干栏式建筑，也即今土家、苗、侗等族流行的吊脚楼。三峡地区山高水险，水陆交通主要凭借舟船和栈道。正是由于人们日常生活中离不开船，所以三峡地区人们在死后还要以船为葬具，如涪陵小田溪就出土一种独木舟式的船棺。此外，在江河险绝处过渡则是依靠溜索和悬索吊桥。

（三）三国文化

三峡上控巴蜀、下引荆襄，历来是兵家必争之地。三峡特殊的自然地理条件，决定了其军事以防御为主的战争格局。因此，这里有着众多的防御工事和器具遗迹，如依山而筑的城墙、关隘、堡寨和因水而设的浮桥、铁索、攒柱、铁钩等。与此相应，三峡地区的古代兵器既有适于水战的长兵器戈、矛、戟、钺和短兵器剑，也有适于山地战役的远程兵器弓弩。此外，三峡地区陆续出土了巴人军乐器，它是三峡地区战争中特有的用于号令军队进退攻防的"军号"。

三国文化是三峡军事文化浓墨重彩的一笔。《三国演义》所载战事有 40 多次发生在三峡地区，如刘曹长坂之战、陆逊在峡江火烧刘备连营七百里和关羽败走麦城之役等。因三国战事而衍生的人文景观有白帝城、孔明碑、兵书宝剑峡、永安宫、八阵图、张飞庙、长坂坡、观星亭、麦城、回马坡、关陵等，是三峡三国文化的重要内容。

（四）宗教文化

三峡地区先民的图腾崇拜是多元的。巴人因其支系或居地的不同，分别视虎、蛇、鱼、鸟为图腾，西进的楚人又带来崇凤的习俗。图腾崇拜在三峡地区留下了大量遗迹和民俗传说。鬼神崇拜在三峡地区颇具特色，具有惩恶扬善的警世功能。

三峡地区与佛教相关的景观不胜枚举，如大宁河小三峡中的观音坐莲台、兴山高岚风景区的卧佛山和附会唐朝高僧西天取经传说的灯影峡等。而那些镌刻在峡江两岸悬岩峭壁上的佛像故事，则见证着佛教传入三峡的历史。

基督教于 15 世纪正式传入三峡地区。由于传教士的国籍、教会、语言各异，所建教堂的风格也迥然不同，一幢幢罗马式、歌德式、拜占庭式教堂点缀于土家族吊脚楼群落之中，形成一道道靓丽的中西合璧的建筑文化风景线。作为世界三大宗教之一的伊斯兰教，也渗透到三峡地区。代表其伊斯兰教标志的"新月"清真寺，遍布于三峡大小城镇。

（五）民间文化

三峡地区自古以来一直是多民族混融杂居的地区。不同的民族文化交融互摄，创造出丰富多彩、具有地方特色的民间文化，其内容主要包括民间文学、民间歌舞、民间戏曲和民间曲艺等。

民间文学的代表作有塑造大禹疏通三峡河道壮举形象的《夔门》、讴歌渔民父子与邪恶势力英勇抗争的《七道门》、颂扬以拯救苍生为己任的巫山神女和九兄弟义举的《灵芝峰》、盛赞与帝国主义侵略者殊死搏斗的《崆岭滩》、描写青年男女为爱情冲破封建礼教桎梏的《滴翠峡》和《白龙过江》，以及关于赞美屈原和王昭君志向与情操的种种民间文学作品等。此外还有五句子歌、风土谚语等。被誉为"国宝"的民间故事家刘德培和著名农民诗人习久兰则是其代表人物。

民间歌舞主要有川江号子、龙船号子、清江号子、峡江号子、兴山特性三度体系民歌、五峰山歌、长阳民歌、恩施灯歌、哭嫁歌、浪花灯、巫舞、跳丧舞、长阳巴山舞、地花鼓、薅草锣鼓、栽秧锣鼓等，其中最有特色的是"哭嫁"与"跳丧"。生活在今清江流域的巴人及其后裔土家族，其独特的民俗歌舞"哭嫁"和"跳丧"，体现了他们对待生离死别的纯朴而炽烈的情感和乐群而达观的精神。

（六）移民文化

三峡工程坝区征地和库区淹没，涉及重庆市和湖北省所辖的 19 个县（市、区），动迁人口 113 万，被称为"世界级难题"。三峡百万移民工程既是艰巨的经济建设和经济结构调整过程，又是复杂的文化建设和文化转型过程。三峡移民文化可分为移民搬迁文化、移民安置文化、移民管理文化、移民环境文化、移民物质文化、移民精神文化和移民新区建设文化等。从构成文化的基本要素看，移民文化是传统文化与现代文化、故土文化（原居住地的本土文化）与迁居地文化的混合体，包容性强、传播面广、影响力大、敏感度高。

三、白帝城

（一）起源

白帝城位于长江瞿塘峡口北岸的草堂河畔，东依夔门、西傍八阵图，三面环水一面靠山，雄踞水路兵家要津。这里原名鱼腹县，西汉末年蜀郡太守公孙述起兵据成都，并在此山修筑紫阳城。传说他跃马至此，见殿前一口井中常有白色烟雾升起，形成白龙，便借此自号白帝子，将紫阳城改名为白帝城。

其实，最初的白帝城是指西汉晚期的公孙述政权在瞿塘峡口修建的赤甲城（或称子阳城）的一座古城。随着时间的流逝，这里经历了故宫禾黍、城郭荆棘的变化。当年公孙跃马、兵锋东向的白帝城，在时局推移、人事变换的历史进程中湮灭难寻。大概在六朝时期，"白帝城"三个字已经由一座专有的城名泛化成了一个地名，指白帝山及其附近的三四个山头，约 $4 \sim 5km^2$ 的范围。这以后，每当时局动乱，战事兴起，这里都会修建一座"白帝城"的军事城堡，镇守三峡，拱卫巴楚。

平原地区的城市多呈对称的方格布局。作为山城，白帝城依山傍水、凭高控深的特点与平原城市截然不同，是代表峡江城市类型的典型城址。这种受地理条件制约而产生的区域文化特征保留至今，影响着我们的城市规划、建设和社会生产、生活、文化等各个方面。

（二）军事要塞

白帝城遗址因其特定的地理位置自古为兵家必争之地。"得此则能东控荆楚，西扼巴蜀；南道滇黔，北通秦晋。进可攻战，退可据守。"可以说战争和军事是白帝城的灵魂和主题，也是白帝城第一大特点。咸平四年（1001 年），行政体制上从川峡二路分为益州、利州、梓州、夔州四路，最主要原因就是其战略上的重要性。

白帝城的其他特点多由战争而生。历史上奉节的治所主要在永安镇和白帝城两处迁移。永安"比白帝颇平旷，然失险，无复形胜矣"。白帝城利于攻守，永安镇便于日常生活。白帝城历史上关、城的建立，大多与军事用途有关。当战争停止、对抗结束后，这些关、城也就慢慢地废弃。

"两山峭峙，一水掀腾。西南近江，城于江渚，则舟楫不能越；东北近山，城于山嶭则石矢不能加。"既是山城又是江城，这是白帝城的一大特点。后有群山环抱，前有大江缠绕；山为城，水为池；山可耕，水可饮；山是依托，江是灵魂。作为山城，它利用自然山势，依山为墉，城市布局无固定模式，在极大的范围内筑城守关，水、粮多能自给，生活区、墓葬区皆在城内。作为江城，它以长江为生命线，假舟楫之便，为其提供军需和补给，同时利用黄金水道，可建立和发展强大的水军。

（三）历史遗迹

三国时，刘备兵败退至白帝城，建永安宫，无颜见群臣，不久郁闷而死，临终前将政权和儿子刘禅托付给诸葛亮。唐肃宗乾元二年，李白流放至白帝城时，忽闻赦书，重获自由，旋即放舟东下江陵，轻松愉悦，归心似箭，遂吟下"朝辞白帝彩云间，千里江陵一日还"的佳句。

后人在白帝城旧址建庙，称白帝庙。白帝庙位于山顶，庙内有明良殿、武侯祠、观星亭等明清建筑。明良殿为嘉庆十二年建，系庙内主要建筑，内有刘备、关羽、张飞塑像。武侯祠内供奉诸葛亮祖孙三代像。祠前的观星亭据说是诸葛亮夜晚观星象的地方。白帝庙内历代的诗文、碑刻甚多，展出的文物及工艺品有1 000余件。其中有著名的春秋战国之交的巴蜀铜剑，其形如柳叶，工艺精湛。东西两处碑林，陈列着70多块完好的石碑，其中隋代碑刻距今已有1400年的历史，"竹叶字碑"诗画合一，风格独特，"三王碑"镌刻凤凰、牡丹、梧桐，精美华丽，堪称瑰宝。

三峡水库蓄水之后，白帝城变成一座孤岛，现在依靠桥梁和外界连接起来。

四、三峡地区乡村聚落传统形态及其建筑

（一）三峡地区乡村聚落传统形态

由于峡区高山叠嶂、地势陡峭，水路交通遂成为聚居地与外界联系的主要方式，形成许多以支流河口、大峡谷进出口等人口相对集中、中转贸易发达的聚居地。峡区原住民居住分散，村落遗存甚少，且规模小、分布很散。现存的传统聚落形态以古场镇为主。作为一种聚落形态，古场镇曾广泛地分布于三峡沿江和支流两岸，对支撑长江上下游的交通、军事活动，发展三峡地区的政治、文化、经济产生过重要作用。现存仍较多保留原来风貌的有新滩镇桂林村、大昌古镇、石宝镇老街、西沱镇云梯街、洋渡老街等场镇。由于受到地理环境的限制和经济因素的影响，古场镇的规模一般不大，布局的方式灵活多样，都反映出与背山临江的自然条件相适应的特点。大多数情况下，古场镇是沿主要街道线形发展，其基本格式有4类：

1. 垂直江岸布局

场镇布局自江边顺山坡走势形成攀缘向上的阶梯式街道，如云阳的双江老街、巴东的楠木园等场镇。

2. 平行沿江岸聚落布局

其街道沿等高线延伸，呈现弯曲的带状民居群格局，这也是山地常见的布局方式。其街道坡度较缓，便于生产、生活，易于连续建设发展，如巴东的信陵老街，巫山的

培石镇、大溪，石柱的沿溪等。两侧的建筑物形成"爬山下坎"的格局，依山的一侧的店铺民居随山爬坡，临江一侧的店铺民居多采用吊脚楼的建筑结构。大一点的民居还带有下落式的天井，建筑空间变化丰富。

3. 棋盘式布局

在一些支流平坝和入江口的台地地带，由于平面上有一定纵深回旋余地，形成了数条街道交织的布局格式。如今保存较典型、较完整的仅大昌古镇，自晋代设县治以来，距今已 1 700 余年，是一个占地不大的袖珍古城。现存的 3 座城门和东、西、南长短不同街道构成的丁字形格局始于明成化七年（1471 年），以后经历多次战乱，屡毁屡建。古镇城池平面形态为圆形，现城墙多已坍毁，仅东、南、西 3 座城门尚存。城内北部占近半城面积的兵营、炮台和九宫八庙等建筑，仅帝王宫尚有部分遗存。街道两侧前店后宅四合院的民居，多为清代中、晚期建筑，保存基本完整。南城门外有石砌台阶直入大宁河，为舟船停靠的码头。

4. 自然聚落形态

如现存的秭归县新滩镇南岸桂林村古民居群。该处属坡岗地形，居住人口较多，但并不形成特别明确的街巷构架，平面布局既有大量单栋独院民宅，也有数户民宅连片建筑。住宅选址、朝向布局顺应地形环境，不拘定格。从总体上看，村落建筑对地形改造不大，民居房屋高低错落，呈现出一种自然和谐的美感。

（二）古民居建筑

1. 住宅的朝向

传统古民居建设是讲风水的，而风水学的核心是取势纳气。峡江地区山陡而地狭，住宅不易按常规布置，为了纳气，住宅布局并不十分追求传统的朝南、朝东方向，而十分看重与大江的关系，要面向大江。为了纳气，住宅大门常与院墙偏斜，或大门与建筑中轴线偏离，形成"歪门斜道"以达到视野开阔、通畅取势纳气的效果。

2. 类型与布局特点

民居的布局、形制、规模有多种类型。其中单幢和以主、附建筑单元组合的条形或曲尺形布局的民居建筑，多在农村陡坡地段，由于地形的限制，多由砌筑堡坎、半挖半填形成宅基场地。一般房前为纵窄横长的院坝，是生产、生活的活动空间，房后或为陡坡峭壁，或临陡坎、沟谷。这种传统民居，在库区农村比较普遍。

3. 三合院式宅院布局。

住宅布局以正房中轴线为中心，以正房及正房前对称或不对称的两侧厢房以及周围附属房屋等建筑单元组合成宅院。厢房之前或筑矮院墙、门楼，形成相对封闭的院落；或不做墙篱，采用完全敞开的形式，正房和厢房在建筑结构上一般少有联系。这种住宅在库区地形较平坦的农村中相当普遍。

4. 独立的天井式四合院住宅布局。

以正房中轴为中心，由在结构上联系较紧密的正房、厢房组合成一进或二进住宅院落。这类住宅由前厅、后堂和厢房的外墙形成围护结构，一般只设有前门、前窗，少数还有后门、侧门，其内部以小天井为中心，房间多用隔扇门窗作隔断，形成一种对外厚重、封闭，对内相应轻灵、通透、开敞的住宅布局。

5. 天井式成排联片的住宅布局

这类民居一般由两套以上，各套布局相似、相近的四合院落组成成排联片民居群。建筑正立面基本在一个竖平面上。在农村这类建筑的民居群多为同姓、同族近亲居民的建筑群。

6. 官邸、庄园式住宅

在库区一些县城、集镇还保留一些大的官吏宅邸或大的士绅庄园式住宅。虽仍属于天井式四合院的格局，但规模宏大、院落敞朗舒适，在居住区旁边或侧后安排有花园亭台作为休闲场所。如丰都名山的卢聚和大院、高家镇的秦家大院等。卢聚和大院有并排三条住宅建筑轴线，每一轴线为两重天井，布置前、中、后三进，三套院落既紧密毗连又以砖墙分隔，后侧为花园，四周以房屋外墙和围墙形成对外封闭的建筑布局。

（三）民居的建筑结构

三峡地区的民居形式主要有穿斗式、穿斗与抬梁组合、硬山搁檩以及吊脚楼式等屋架结构形式。由于穿斗式屋架结构对地形适应性强，对基础要求不高，用料尺寸较小，布置灵活、自重轻，在三峡重庆库区的传统民居中十分普遍。穿斗式构架的形式很多，较具特色的有"千柱落地"式。此种构架为檩柱对应、每檩下有柱，柱头承檩，每柱皆落地，柱间以穿枋联系，柱脚垫以墩石或条石基础防腐。其下部主、次房间以柱间木板、隔扇门窗作作隔断，四周以木板壁墙或山墙为编竹夹泥套白围护。大型住宅为了加大厅堂空间，在房屋的明间采用抬梁结构，在次间、稍间为穿斗结构。

三峡地区传统民房抬梁方法与北方不同，是由柱头承檩、承枋。三架梁、五架梁的梁头均以透榫嵌入柱中。穿斗式抬梁组合结构房屋，一般体量高大、厅堂敞朗。以承重的穿斗式屋架、穿斗抬梁屋架与围护作用的墙体组合为类似框架幕墙房屋体系。由于承重结构与墙体的分工加上木结构柔韧的特性，大大减弱了地震对房屋的毁坏性威胁，因而被誉为"墙倒屋不塌"的房屋结构。

硬山搁檩屋架结构，房屋构架以砖墙或夯土墙搁檩承重，中轴线为木构穿斗梁架，山墙多为五花屏风墙或硬山顶，后墙亦为砖墙，前檐多为木板门窗槛墙。亦有少数具有北方农村房屋特征，不用一梁一柱，全为夯土墙承重的房屋类型。

吊脚楼房屋结构是依据地形，根据木结构的特点，将楼层中的梁枋外挑，扩大楼层面积，争取空间的木架房屋结构。基本形式有悬梁挑或加斜撑（或竖柱）等两种形式。吊脚楼房屋现在存留已经很少，仅在库区偏远山区集镇中还有一定数量的保留。

五、奉节天坑地缝

天坑地缝风景区位于重庆市奉节县的南部，其核心地质遗迹是小寨天坑和天井峡地缝式喀斯特峡谷（简称天坑、地缝）。天坑最大深度662m，最大口径626m，容积$119 \times 106m^3$，在世界同类型天坑中居首位，有"天下第一坑"的美誉。地缝距小寨天坑3km，长6 162m，最大深度229m。

（一）地质概况

区域构造上处于川鄂湘黔边缘褶皱带与川东褶皱带的交汇部位，以褶皱为主，断裂较少见，发育有一系列北东走向的背斜和向斜，有齐耀山背斜、巫山向斜、横石溪背斜、官渡向斜和长梁子背斜等。天坑地缝风景区位于官渡向斜的南东翼，出露的地层有下三叠统嘉陵江组（T_{1j}）和大冶组（T_{1d}），岩性为碳酸盐岩，厚度约1 500m，地层产状平缓，倾角小于15°。本区东南部还有少量泥盆—石炭系、二叠系不纯灰岩、碎屑岩出露。

1. 小寨天坑

小寨天坑位于荆竹乡小寨村，北距奉节县城70km，地理坐标为30°45′N，109°28′10″E。天坑四周被高峻的几近直立的陡壁所圈闭，口部最高和最低点标高分别是1 331m和1 180m，坑底标高为669m，由此可见，它的最大和最小深度为662m和511m。小寨天坑在垂向上为双层嵌套结构，上部坑口呈椭圆形，直径537～626m，面积274×103m²，深320m；中部为一个平台（坎）；下部坑口略呈矩形，长宽为357m×268m，深342m，容积为119×106m³。无论是深度还是容积，小寨天坑是目前世界上已发现的规模最大的天坑。

小寨天坑位于官渡向斜的南东翼，地层产状平缓。以中部平台为界，上部为嘉陵江组（T_{1j}）中厚层灰岩；下部为大冶组（T_{1d}）泥质灰岩。在东南侧有一条弯弯曲曲的小道通往天坑中部平台，从平台的北侧至天坑底部有巨大的锥状崩塌堆积体，沿其表面斜坡有2 000多级蜿蜒的石阶路通往天坑的底部。

2. 天井峡地缝式喀斯特峡谷

天井峡地缝式喀斯特峡谷位于小寨天坑之南约3km，其南部与下撒谷溪峡谷相接，北部与迟谷槽峡谷相接，由上部较开阔的"U"型峡谷和下部的地缝式喀斯特峡谷组成。峡谷近南北走向，起点位于地缝南端入口，终点位于北部的上迟谷槽村之南，全长6 162m。谷底高程从1 172m降至854m。谷底宽1～15m，垂直深80～229m。由南往北，从峡谷底部行走，但见峡谷弯弯曲曲、忽宽忽窄，谷底忽明忽暗、忽高忽低。狭窄处峡谷宽仅1～2m，地缝末端是整个峡谷中最深的地段，达229m。

从峡谷底部仰视，可见两壁岩石耸立，若即若离，阳光犹如一丝丝光柱直射而下，形成"一线天"景观。天井峡地缝式峡谷现在是干谷。早期的地表水是经过其上部开阔峡谷和迟谷槽排往九盘河，后来由于峡谷的下切，使地表水流从天井峡北端流入地下，迟谷槽变为干峡谷。而随着地壳的进一步抬升，天井峡地缝底部又发育了多处落水洞，特别是天井峡南端黑眼洞的形成，使地表水流从黑眼洞往位置更低的地下排水道排泄，天井峡成为干谷，只在洪水时谷底才有水流流动。

3. 天坑、地缝的发育演化过程

小寨天坑及天井峡地缝是天坑—地缝喀斯特水文系统发育演化作用与过程在地表、地下的重要表征，两者具有相互协同、相互影响的演化过程。从地貌形态特征看，本区地貌的形成、演化与我国南方普遍发育的3个主要地文期（鄂西期、山原期、峡谷期）相对应。而峡谷期（三峡期）是本地区地貌形成的重要时期。天坑、地缝经历了

3 个发育演化阶段：

第一阶段：宽缓河流谷地阶段。在三峡期（峡谷期）的早期阶段，大致相当于早更新世至中更新世中期，本区在山原期末形成的几条雏形河流得以进一步扩大，形成了茅草坝—陈家河—天井峡—迟谷槽—九盘河地表水系和小寨天坑—迷宫河地下水系及其下游的迷宫河—椅子淌—下溪沟地表河这两大水系。由于这一时期地壳处于相对较为缓慢的抬升阶段，地表水以侧向侵蚀作用为主，形成的河谷地貌形态以宽缓谷地为主，保留有现今的天井峡上部 U 形宽谷、迟谷槽干河谷等地貌形态。

第二阶段：峡谷及天坑、地缝形成阶段。更新世中晚期，地壳抬升速度加快，长江三峡河谷下切，区域排水基准面发生大幅度下降。在这一阶段，小寨天坑—迷宫河地下河通过溯源侵蚀作用向天井峡一带延伸，最终袭夺了天井峡—迟谷槽地表河，致使该地表河在天井峡北端汇入小寨天坑地下河中，迟谷槽成为干谷。天井峡—小寨天坑—迷宫河地下河通过对天井峡—迟谷槽地表河及其上游几个支流的袭夺，使整个水文系统的河流纵剖面坡降普遍加大，流量增加，从而增强了水对岩石的侵蚀、溶蚀和搬运能力。正是由于上述地貌、水文、水动力条件的变化，使地表、地下水快速持续下切，并与区域排泄基准面下降速度达到协调，使得天井峡地缝式峡谷得以形成。小寨天坑地下河也不断下切，形成高度大于 150m 的峡谷式地下通道，洞穴大厅也不断扩大其规模，最后经过顶部的不断崩塌和侧壁的平行后退，在横向不断扩大，在纵向则向地下和地表发展，形成了今日所见到的小寨天坑。

第三阶段：现代河谷持续深切阶段。晚更新世以来，地壳抬升的速度加快使作为本区排泄基准面的九盘河下切速度加快，造成区域地下水位下降，天井峡地缝峡谷底部水流的侵蚀和溶蚀下切速度低于区域地下水位的下降速度，地下河通道已经下潜到它的底部 100～150m 以下深处，天井峡峡谷被遗弃成为干谷。峡谷底部地表水流入地下河的位置则从天井峡北端的地缝洞入口逐渐后退到地缝南端的黑眼洞。地下河洞穴系统中普遍出现跌水和瀑布，也表明地下河下切和溯源侵蚀作用仍在进行，小寨天坑也在不断加深和扩大规模。

景区小寨天坑在体量上按深度、总容积、口部面积等指标来衡量，居全世界以塌陷成因为主的天坑首位。而地缝为世界罕见的地缝式峡谷中的佼佼者，在峡谷的长度、狭窄度、谷地类型的多样性和典型性等方面，均为世界级岩溶景观，具有极高的美学观赏价值和科学研究价值。由天坑、多种岩溶谷地构成的地表形态和地下化石岩溶洞穴、现代地下河系统共同组成统一的岩溶水文—地貌系统。对其进行系统的、多学科的研究不仅会深化岩溶研究，而且对阐明长江三峡的发育演化史有极重要的意义，从而构成地球演化史中最新的篇章——第四纪演化史的重要例证。小寨天坑和地缝式峡谷是在漫长的地质历史时期中，经过内外地质营力的作用而形成，具有稀缺性、典型性和不可再生性的自然遗产属性。

景区旅游资源不仅丰富而且相对集中，九盘河、迷宫河、旱夔门、天坑、地缝、龙桥河、茅草坝等组成了集"漂流、攀岩、探险、休闲、度假"等为一体的旅游小环线，是中外探险家公认的科考、探险的理想场地。同时景区还有各种珍稀动植物群和独特的土家族民俗风情，更是引人入胜。

天坑地缝风景区旅游资源具有品位极高、特色极浓的垄断性，景区各类旅游基础设施完善，成为长江三峡旅游业中的佼佼者。1996 年，天坑地缝风景区被重庆市人民政府命名为"省级风景名胜区"。1999 年被列入联合国"世界自然遗产预备清单"。2004 年年初，国务院正式批准天坑地缝景区为"国家重点风景名胜区"。2006 年 2 月，国家建设部批准天坑地缝景区为"中国国家自然遗产"，并被列入"世界自然遗产预备清单"。

（二）气候、生物概况

重庆奉节天坑地缝风景区地处中亚热带暖湿季风气候区。风景区内山峦起伏，区内海拔高差较大，年平均气温 7.8℃ ~16.1℃，表现为随地势的升高，气温逐渐降低，大致每上升 200m 气温下降 0.7℃左右。气候垂直变化大，立地气候明显。多年平均降水量为 1 952 ~1 130mm。多年平均日照时数 832 ~1 242 小时，日照时间在一年内分布不均，夏季年平均日照数为 480 小时，冬季为 152 小时，无霜期 195 ~289 天。年平均相对湿度为 69%。水分蒸发量多年平均为 1 565.2mm。亚热带暖湿气候条件适宜中亚热带常绿阔叶林的形成，植被覆盖率达 80%以上。

据资料表明，自然保护区内有各种植物共 1 285 种，分属 244 科。区系组成上主要有壳斗科的青冈属、栲属，樟科的樟属、润楠属以及山茶科、冬青科、木兰科、金缕梅科等植物。由于人为活动的影响，构成的建群种为光皮桦、马尾松、华山松、杉木、柏木，林中伴生树种多。由于区内垂直地带差异明显，植物类型的分布状况受地貌制约。其主要森林植被类型是：海拔 1 800m 以上多为箭竹或蕨类，局部有杜鹃纯林；海拔 1 800 ~1 300m，主要是以落叶树种为主的常绿、落叶混交林，以多脉青冈、青冈、抱栎、亮叶桦和槭树为主，其次有华山松群落；海拔 1 300 ~800m，主要是以马尾松、杉木、抱栎、青冈、柏木为建群种的群落；海拔 800m 以下，主要是以马桑、黄栌、黄桑为主的灌丛。田间主要有油桐、桑树、猕猴桃、荆竹、水竹、慈竹、楠竹、泡桐、桉树、乌桕、木字桐、麻柳、香椿、柑橘、枣、桃、李、柿、樱桃、杏枇杷、柚、板栗、核桃等，多分布在海拔 1 200m 以下。近年来风景区内引进北温带的黑松、落叶松，以取代分布在海拔 1 700 ~1 900m 的华山松用以育林，生物学特性良好。九盘河棉花塘有少量慈竹。

风景区内正在发展经济林基地，如庙湾乡，已有板栗 20hm^2。风景区内植物物种丰富，林木繁多，其作用首先表现在保持水土、改良气候、保护环境上。其次是风景区内经济林木，中药材种类较多，且人工栽培初具规模，具有较大的经济价值；同时有较多的观赏性花木，是人们观景、游览、休闲的理想场所，也是水果、药材的良好产地。

风景区内的野生动物主要有兽类、鸟类、两栖类、爬行类、环节类、昆虫类、唇足类、鳃足类、蛛形类。常见的是鸟类和兽类。兽类有野兔、狐、黄鼠狼、松鼠、水獭、狗獾等，鸟类有苍鹰、白鹭、池背鹭、麻雀、斑鸠、锦鸡、翠鸟、啄木鸟、家燕、喜鹊、画眉、竹鸡等。珍稀动物有二级保护动物大鲵、水獭、大灵猫、锦鸡、穿山甲、林麝等 14 种，三级保护动物 14 种。此外，由于独特的地形地貌，风景区内形成了许多独特的小生境,这些生境中的生物种类形状奇特。奉节天坑地缝风景区内动物种类比较丰富,但由于受人类活动的影响,对森林资源不合理的开发利用使野生动物资源正逐渐减少,有的濒临灭绝。为了保护野生物种,必须加强对自然环境、森林资源和生物物种的保护。

(三) 水文概况

天坑、地缝所在的喀斯特水文系统大致呈北东 60°走向的长方形展布,流域面积 280km²,地形落差 1 600m。系统的组成:上游为地表水流(茅草坝河、硫黄沟、水堰河)和分散地下径流(三板桥、含瑞坝至兴隆镇);中游为地下管道流(兴隆镇—天井峡北端);下游为地下河(天井峡—小寨天坑—迷宫河);兴隆镇—黑眼洞—陈家河所构成的三角形地带为地表、地下径流的转换地带。地下水最终排入迷宫河,地下河最大、最小流量分别为 1 741m³/s、1.87m³/s,多年平均流量 8.77m³/s,属于流量极不稳定的地下河。

第三节　实习内容

一、白帝城与夔门实习点

1. 了解白帝城的历史及其军事重要性。
2. 观察白帝城及其周边自然环境,了解其地质条件。
3. 参观白帝城,主要内容为三国文化、诗词、碑刻。
4. 观察夔门地形,了解江水流向、流速的变化。

二、天坑地缝实习点

(一) 垂直地带性观测

1. 每隔100m高差,量测一次大气温度和湿度;找出几个垂直地带的界限高度,用 GPS 量测其海拔高度,利用温度计和湿度计量测界限附近的气温、地温和湿度。
2. 观察每个垂直地带的植被、土壤类型;分别测量山麓、山坡、山顶处的风速和风向;把所有观测和观察数据都填入到垂直地带性实习记录表(见附表17)。
3. 计算垂直气温递减率,分析湿度的变化规律;分析随着高度变化风向、风速的变化情况,并分析原因;通过观测数据分析奉节天坑的垂直地带性规律和原因,并画出垂直带带谱。

(二) 观察岩性特征、岩层结构及流水情况

分析其形成原因;沿途观察并记录植被类型,认识喀斯特地表主要植被种类。

(三) 调查天坑—地缝旅游开发的潜力与方式

三、安坪乡实习点

（一）耕作土观测

　　1. 按照长 2m、宽 1m、深 2m 的规格开挖土壤剖面；观察土壤剖面环境条件，并把观察结果记入到土壤剖面环境条件调查记录表中（见附表 13）。

　　2. 对土壤剖面进行观察、分层，并把数据记入到土壤剖面形态记录简表中（见附表 15）。进行搓条试验及相关要素的野外快速测定、定名，并把数据记入到土壤剖面形态记录简表中（见附表 13）。

　　3. 观察与了解农户对土壤的改良方法与主要利用方式。

（二）土地利用评价

　　1. 了解土地自然生产力状况。

　　2. 对土地适宜性和限制性因素进行了解。

　　3. 观察土地不同耕作方式及其周边生态环境。

（三）三峡移民情况调研

　　1. 了解安坪乡三峡移民安置点的基本情况，针对移民基本生活进行访谈。

　　2. 了解安坪乡主要的移民安置方法、措施及相关政策。

　　3. 随机访谈以了解移民对安置的态度，对目前生活的评价。

　　4. 随机访谈以了解周边居民对外来移民的看法。

四、永安镇脐橙生产区产业构成和产业布局

　　1. 观察农作物的构成及分布，了解粮食作物与经济作物生产的大体情况。

　　2. 了解乡镇工业的构成及与地方资源利用的关联度。

　　3. 考察对外经济联系，包括交通、农产品销售、生产资料获取等。

　　4. 随机访谈以了解脐橙产业对农户家庭收入、就业及生活的影响。

五、大昌古镇传统聚落形态调研

　　1. 观察沿途聚落形态、分布、建筑风格及其变化情况。

　　2. 了解大昌古镇的发展历史及其空间格局。

　　3. 观察古镇建筑类型、风格、构造及其装饰特征。

　　4. 探访古镇居民，了解其日常生活及他们对旅游开发的看法。

六、大宁河小三峡实习点

　　1. 观察峡谷内的岩性、地层产状、构造特征。

　　2. 观察峡谷、河滩地貌，并分析各种景观形成的主要原因。

　　3. 观察三峡库区蓄水之后给景观带来的变化。

　　4. 了解巴文化在小三峡景区的具体表现。

第四节　实习拓展

　　通过对三峡库区核心地带的考察与调研，综合分析库区自然、经济、社会及文化方面的特征与变化，并从人地和谐发展的角度，对实习区域的灾害地貌、景观结构、产业发展及移民安置四个方面提出自己的看法。

第七章　黔江—武隆实习路线

第一节　实习任务

　　本实习路线主要以规模宏大的喀斯特地貌以及丰富多样的少数民族文化为主线，主要考察小南海国家地质公园、后坝土家民俗生态博物馆、天生三桥、芙蓉洞、仙女山国家森林公园、阿蓬江国家湿地公园（见图 7.1），分析旅游快速发展对当地自然、经济、社会和文化的影响，并对整条路线的旅游开发进行评价。

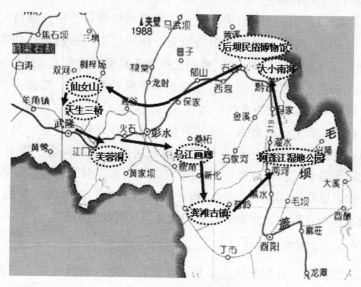

图 7.1　黔江—武隆实习路线

第二节　知识铺垫

一、武隆溶岩地貌形态及其特征

　　武隆县位于重庆市东南缘，地处大娄山、武陵山与贵州高原的过渡地带，以及长江右岸支流乌江下游峡谷区。境内主要地表河是乌江及其两岸水系。受乌江及其支流的强烈切割，岸谷高差达 1 000m 以上。河间分水岭地带，地势相对平缓，属山丘地形。

武隆喀斯特景观丰富奇特，有沉积物种类多样的芙蓉洞、世界最大的天生桥群、国内外首次发现的冲蚀型天坑群，以及与第四纪地球演化历史密切相关的乌江、芙蓉江、羊水河、阎王沟等喀斯特峡谷。2007 年作为"中国南方喀斯特"的一部分，武隆喀斯特成功申报世界自然遗产，包括芙蓉洞芙蓉江、天生三桥和后坪冲蚀天坑三个相对独立的喀斯特系统。

（一）地质基础

武隆境内出露地层主要为古生代—中生代的寒武系、奥陶系、志留系、二叠系、三叠系、侏罗系碳酸盐岩和碎屑岩地层。其中寒武系、奥陶系、二叠系、中下三叠系为可溶性岩石，总厚度约 2km，以坚硬、致密和低孔隙度的碳酸盐岩为主，为喀斯特地貌发育提供了良好的物质基础。同时，古老坚硬的碳酸盐在多次构造运动作用下，产生大量裂隙、节理，使岩石的渗透性大大增加，特别是第四纪新构造运动强烈的抬升作用，促进了各种溶蚀、侵蚀作用，喀斯特过程得到充分进行，表现出地表和地下喀斯特地貌的多样性和完整性。

武隆及其邻近地区构造上属杨子准地台之川东南褶皱带。中三叠世末期的印支运动使本区上升为陆地，结束了海相沉积的历史。侏罗纪末的燕山运动使本区已有沉积（寒武系至侏罗系）形成北东 20°~40°雁列式褶皱及断裂，奠定了本区的地质构造基本格局。新生代以来的喜马拉雅运动，以地壳的间歇性抬升为主，形成多级剥蚀面及深切的峡谷，并造就典型岩溶峡谷系统。本区出露地层包括了古生代—中生代的寒武系、奥陶系、志留系、二叠系、三叠系、侏罗系碳酸盐岩和碎屑岩地层。但是在古生代和中生代，振荡运动强烈，沉积环境不稳定，碳酸盐类岩多和页岩、砂岩互层，砂岩、页岩往往构成局部隔水层，而砂岩区的来水构成外源水，对岩溶地貌的发育演化影响很大。这种沉积岩层垂直向上的间断性和受到构造运动影响形成的平面上的条带性，控制了岩溶的发育和分布，并使岩溶地貌的发育演化更加复杂。

（二）岩溶地貌形态类型及其分布特点

本区碳酸盐岩岩性、岩相变化大，地块切割深，地表水及地下水丰富，地表、地下岩溶地貌发育。据观察，本区岩溶形态大概有 40 余种，其形态组合有如下特点：①地表宏观溶蚀形态以岩溶峡谷、峰丛—洼地为主；大溶蚀形态以天生桥、天坑为主；微观形态以小的溶盘和宽浅溶痕为主；②地表堆积形态以红壤土、黄色石灰土为主；③地下不论是溶蚀形态还是堆积形态都十分发育，尤其是大型溶洞、地下河及次生碳酸盐沉积物特别发育。这些特征反映了在新构造运动强烈抬升的背景下，亚热带湿热季风条件下岩溶峡谷的地貌特征。

1. 地表宏观岩溶形态

（1）峰丛洼地、谷地峰丛洼地、谷地主要分布在地势相对平缓的岩溶台面上，主要岩性为二叠系、三叠系碳酸盐。峰顶高程为 500~2 000m，层状地貌明显，可以分为 500~800m，1 200~1 500m，1 700~2 000m 三级剥夷面，各级剥夷面的峰顶大致齐平，峰丛基座相连，溶峰呈浑圆状、圆锥状，展布方向与构造线一致，相对高差为 50～200m；峰丛间为大小不等、形态多样的溶蚀洼地，大洼地中往往套生小的洼地和波状残丘，形态为长条槽谷形、椭圆形、多边形等。峰丛间的谷地主要由串珠状洼地组成，分布在较低海拔的岩溶台面上。洼地中漏斗、落水洞星罗棋布，底部覆盖有第四系黄色砂黏土，厚度因地而异，一般小于 10m。高岩溶台面上地表水体不太发育，低岩溶台面地表水体和地下暗河及伏流均较为发育。坡岩溶发育微弱。

（2）岩溶峡谷主要分布于武隆乌江干流及一、二级支流下游汇口段，其中箱形谷在一、二级支流的裂点附近及伏流（包括天生桥）上、下端最为常见。如乌江与芙蓉江汇合的江口镇一带，两江深切石灰岩地块，形成著名的乌江峡谷和芙蓉江峡谷。其中乌江峡谷长为 15km，山顶标高为 800～1 500m，相对高差为 600～1 000m，峡宽 80～120m，构造上为狭长背斜，河谷紧束，山势陡峭，悬崖绝壁。

2. 主要岩溶个体形态

（1）芙蓉洞、芙蓉江喀斯特系统

武隆境内各种岩溶洞穴主要集中呈层状分布于现代河谷两岸、岩溶台面上的洼地（谷地）底部及岗状分水岭地带的风口两侧山坡，洞口高程常常与剥夷面、阶地面相当。

本区水平洞穴基本上为廊道与管道组合式化石洞穴。以著名的芙蓉洞为例，洞口高程为 480m，全长为 2 392m，宽高多在 30～50m，所在地层为中寒武统白云质灰岩和白云岩，洞穴发育明显受到地层走向和北东、北西向节理的控制。此外，生化学沉积十分丰富，有专家认为其洞穴次生化学沉积物在已有科学分类和命名的类型与形态中几乎样样齐全，现阶段的池水沉积和形态多样发育完美的非重力水沉积类，更是芙蓉洞的独有特色，是研究第四纪环境演化的绝佳场所。芙蓉洞发育于中寒武统平井组白云质灰岩和白云岩中，长 2 846m，洞体规模宏大，洞内崩塌作用十分显著，次生物理—化学沉积物多样。从天然洞口到崩塌大厅的大型廊道与厅堂段，以重力水的滴石、流石和池水沉积占优势。而洞穴深处，在受洞外温度和水、气交流影响较小的情况下，洞穴的顶板、侧壁及底部普遍有大面积的皮壳及非重力水沉积。硫酸盐类有石膏花、石膏皮壳等，碳酸盐类有文石花、方解石花、娟丝状卷曲石、蠕虫卷曲石、鹿角状卷曲石（antler helictite）等。洞内池塘沉积也十分重要，如珊瑚瑶池、犬牙晶花池等，沉积有浮筏石笋（raft stalagmite）、浮筏晶花、犬牙晶花、晶杯等，属于较为稀有的沉积种类，观赏和科研价值极高。

芙蓉江是一条跨黔、渝两省（市）的深切峡谷型河流，在武隆县境内长 31km，水面宽 50～200m，峰顶与江面最大高差可超 1 000m。峡谷总体呈北北东—南南西向，与地质构造走向基本吻合。芙蓉江支流三会溪地缝式峡谷走向近东西，长 5.1km，谷底到峰顶高差达 1 200m，河谷两侧悬崖紧锁，宽度一般只有 5～10m。

洞穴有汽坑洞（1 162m，指洞口标高，下同）、摔人洞（1 060m）、卫江岭洞（970m）、新路口洞（900m）、垌坝洞（878m）、水帘洞（670m）、芙蓉洞（480m）、干矸洞（200m）和四方洞（180m）等，除水帘洞外，均分布于芙蓉江的右岸。在地形上自岸顶山原面经岸坡直至谷底，高差近千米。汽坑洞、垌坝洞位于芙蓉洞与天星乡之间。汽坑洞垂向深度 920m，是目前国内最深的竖井洞穴。其横向洞道长度为 5 880m，洞中铅垂的竖井垂直高差 708m，自洞口一直下降到 454m 标高处。垌坝洞垂深 656m，横向洞道长 7 234m。在标高 458m 处，开始有横向洞道发育，并接近芙蓉洞的天然洞口标高。不同洞穴洞道所表现出来的这一相似特征，是本区地壳抬升性质的反映，即前期以垂向上升为主，后期则具有间歇性质。

（2）天生三桥喀斯特地貌

天生三桥发育在乌江次级支流羊水河横切碳酸盐岩分布段内。其地质构造十分简单，为倾向南东的单斜构造，岩层产状平缓，喀斯特地质遗迹主要发育在北西和东南边界均为非可溶岩之间呈北东走向的喀斯特地块中，岩性为下三叠统飞仙关组和嘉陵江组碳酸盐岩（见图 7.2）。

其中，武隆天生三桥最为著名，自西而东分布于羊水河中段 1.5km 长的峡谷中。在羊水河发育过程中，因溶蚀塌陷、地壳上升和流水侵蚀，洞顶多易崩塌，残留洞顶部分就构成了天龙桥、青龙桥、黑龙桥三桥。三桥之间分布着青龙天坑和神鹰天坑，规模宏大，形态壮丽。天生桥分布集中、规模宏伟，世界罕见。天坑有谷中及岸上两类。前者有青龙天坑和神鹰天坑，与三座天生桥相间分布；后者有中石院和下石院天坑。本区天坑十分典型，分布在洼地、干谷、丘坡、丘顶等部位。中石院天坑位于重庆武隆仙女山镇明星村，发育在下三叠统飞仙关组和嘉陵江组单斜山灰岩地层中，为目前世界上已知的口部面积最大的岩溶天坑之一，为塌陷型大型天坑。

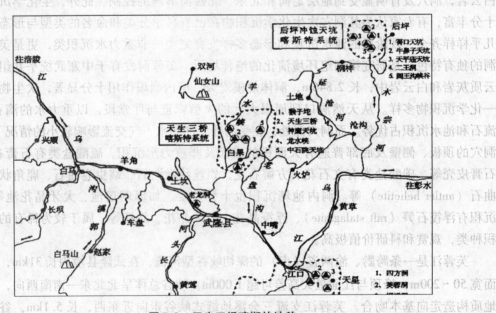

图 7.2　天生三桥喀斯特地貌

二、地震堰塞湖与小南海国家地质公园

(一) 堰塞湖

由于地震引起山体滑坡并堵塞河道形成的湖泊称为地震堰塞湖。地震堰塞湖按可能造成的灾害分为三类，即高危型、稳定型和即生即消型。几天至一百年左右溃决的是高危型堰塞湖，由于蓄水量大、落差大，往往在形成几天至几年或几十年后会冲垮，形成严重的地震滞后次级水灾。稳定型堰塞湖亦称"死湖"，存在很长时间且湖积水量很大，一般存在时间超过百年。一天或者几天内溃决的是即生即消型堰塞湖，为地震时形成的短时间堰塞湖，很快会被后来积累的水体冲毁，危害一般不大。

(二) 小南海国家地质公园

小南海原名小瀛海，距黔江城北部 30 余 km，面积约 $3km^2$，水面海拔 370.5m，是 1856 年（清咸丰六年）由于地震时山崩岩塌、溪流堵塞而形成的地震堰塞湖，融山、海、岛、峡诸风光于一体，也是目前中国国内历史最长、保存最完整的一处古地震遗址。2001 年，被国家地震局批准为"黔江小南海国家地震遗址保护区"和"全国防震减灾科普宣传教育基地"。

1. 位置

小南海位于重庆东南缘黔江区，距重庆市近 400km。公园南连酉阳，西接彭水，北界湖北利川，面积为 $197km^2$。地质公园类型为地震灾害遗迹，兼有地质地貌。主要地质遗迹包括：小南海地震遗址、八面山岩溶地质地貌、仰头山岩溶地质地貌、古生物化石遗迹、沉积构造、古冰川遗迹及流水地貌。主要自然景观有：大垮岩、小垮岩、轿顶山、崩塌体、堆石坝、堰塞湖、岩溶以及泥岩页岩中的波痕、槽模、沟模及冲迹构造、冰川"U"型谷、冰碛体等。主要人文景观有红九师师部旧址、温朝钟墓、烈士陵园、朝阳寺、义渡古碑及土家族风情等。

地震遗址是小南海最具科研价值和旅游价值之处。小南海处在渝东鄂西褶皱带内，以震旦系变质岩为基底，最近的构造运动主要表现为大面积的隆起抬升。所以小南海地震的发生，可能与本地区基底断裂活动有关。由于小南海远离城市，人烟稀少，所以地震遗址得以完整保存下来。

2. 地质背景

小南海地处鄂黔台褶带，地层发育较齐全。元古界震旦系是本区出露最古老的地层，厚度小于 464m。下古生界寒武系、奥陶系、志留系分布广泛，沉积厚度 4 255m，与震旦系为假整合接触；上古生界假整合于下志留统之上，发育较差，缺失早、中泥盆世和石炭纪沉积，厚度 827m。由此显示，自震旦系以来，该地区地壳振荡频繁，约有 4 次抬升成陆，并遭受剥蚀，几度被夷为平地。最后一次于早二叠世末，公园所在地区全面抬升成陆，结束海相沉积历史，燕山运动褶皱成山，形成一系列山脉和山间盆地。由于喜马拉雅造山运动，地壳抬升更加强烈，地表受到剥蚀，第四系分布零星，厚度不大，成角度不整合覆盖于不同时代的老地层之上。此时形成一系列规模较大的正断层，表明区内在早期构造的背景上发生了应力的释放作用，从而形成了今天的地

震地貌。

三、后坝土家民俗生态博物馆

后坝土家民俗生态博物馆作为黔江旅游重要的一部分，是黔江主城区中重要的旅游景区之一。后坝镇地处黔江东南，是黔江南部旅游环线中最具特色的人文景观节点。后坝土家开放式博物馆景区面积约 6.5 km^2，东邻小南海地震遗址公园，南邻八面山自然风景区，西可通过茨竹溪连接武陵仙山，北接鸡公山，距黔江主城区33km。

后坝土家民俗生态博物馆坐落在黔江北部旅游环线上，邻近风景秀丽的小南海和八面山景区。这里植被茂密，环境清幽，民风淳朴，土家族吊脚楼院落依山傍水，婚丧嫁娶、风俗礼仪、服装首饰、民间工艺等仍然保持着浓郁的民族气息，拥有丰富多彩的民族文化。为更好地搞好民族民俗旅游保护与开发，黔江区投资建设了生态博物馆项目，项目规划面积6.5 km^2，总投资 2 800 万元，是我国第一个开放式土家族生态博物馆。至2010年，完成了13个院落民居的风貌整治、庭院绿化、小品打造、民俗展示、文化整理和产业布局，修建了步游道3km，达到了初步开放条件。后坝土家民俗生态博物馆已成为集设计创作、展示交易、旅游休闲、情景购物、互动体验于一体的多功能中心。后坝共有13个保存完好的土家寨子院落，居住着以李氏、吕氏、何氏等姓氏命名的土家族，随着旅游资源的进一步开发，将打造成为"板夹溪十三寨，寨寨都精彩"的原生态博物馆。

（一）布局特色

结合该区域的地形地貌，后坝土家族民俗生态博物馆根据山寨分布格局划分为13个分区寨子，在总体布局上体现出如下特色：①将观光与度假相结合，参观与参与相结合，打造兼具强烈特色的土家文化生活展示与生态休闲度假农业功能的生态博物馆；②采取分布式布局形式：利用后坝现有空间条件，以"分布式"博物馆的空间手法串联土家院落，将博物馆展示内容复原放置到其原生环境中，再以"文化装裱"的方式将这些内容加以凸显；③以"土家人的一天"作为观光游赏的组织方式和线索，对"十三寨"进行空间规划，寨子规划与游赏区规划进行明确的功能分区；④开发建设中尊重当地村民的意愿和传统，尽量少拆、少占、少建。

（二）景观类型

1. 农业景观区。由于对现有农产品结构进行了调整，种植果林、油菜、辣椒等，形成了相应的生态农业区。利用本地材料与乡土作法，塑造特色农田景观，为都市人提供生态观光，休闲度假，增长农业知识，体验土家民居生活的场所。

2. 休闲景观区。针对每个土家院落的审美意境，对周围绿化进行了重点梳理，强化景点主题，提升景观价值。利用院坝空间形成农家休闲场所，同时结合栈桥、挑台形式，增大容积，形成点、线结合的游赏空间，有效引导游赏活动。发现、提炼自然景观审美特质，营造特色景点，塑造人与自然共生的场所。

3. 湿地景观区。利用现有水体资源及滩地景观，以"水"为主题，以现有溪流为基础，通过筑坝、滩涂及周边农田的景观整治等规划措施，使湿地具备生活排污的生态过滤功能与游赏功能。

4. 林地景观区。对景区内生长良好的林区实行维护，在保持本地植被特色的同时，适当引入经济林木与有色叶树，结合农作物结构调整与建筑整治进行种植。

（三）建筑特色

1. 建筑构建特色：受自然地理、气候等条件影响，区内土家族建筑形式多为干栏式全木结构吊脚楼，多数为"品字形"建筑平面布局。底楼作畜舍或搁置农具及石磨等生活设施，楼上住人，楼的四周铺设走马转角楼。方形窗户用木条装上万字格花纹，屋面掩盖灰色小青瓦，屋檐呈鱼尾上翘，建筑风格质朴素雅。

2. 建筑选址特色：土家族建筑呈多组团簇群式布局，建筑院落依山傍水、随势赋形、高低错落，与地形地貌结合紧密。土家族建筑选址体现了传统民居村落选址的特色，多处组团选址相似。屋基选择看重"龙脉"走向和地理气势，通常建筑选址位于山脚或山体台地之上，背靠林地，前有农耕良田，河流溪沟穿过村前寨尾，自然环境与建筑院落相互依存，形成了现在的"小桥、流水、人家"般的世外田园场景。见图 7.3。

图 7.3　后坝土家民俗生态博物馆内的原生态民居

四、石灰土及石漠化

（一）石灰土

石灰土是发育在石灰岩上的一种岩层土壤，重庆境内主要分布在海拔 1 500m 以下背斜低山槽谷内，与矿质黄泥呈复区分布。成土母岩主要为三叠系及以前各石灰岩地层的风化残积物。在石灰岩体出露的喀斯特地区，源源不断的石灰岩新风化物和崩解碎片以及含有碳酸盐的地表水进入土体中，延缓了土壤中盐基成分的淋失和脱硅富铝化作用的进行，因而多形成年幼的石灰土。在石灰岩土的形成过程中碳酸盐虽遭到不断淋失，但因来自母质的碳酸盐含量较高，且受石灰岩区富含重碳酸盐水的补充，特别是干旱年份随水向表层积聚，所以通常还有一定数量的碳酸钙残留于土层中，常以假菌丝体、灰色粉末、结皮或结核形式出现。石灰土富含碳酸钙，有利于腐殖质累积。植物残体分解后，由于大量钙的存在，腐殖质与钙结合、凝聚，大量地积累在表土土壤中，使土色变暗。某些石灰土位于岩缝隙间，土层逐渐加厚，腐殖质积累可深达80~100cm，有机质含量可达30%。

重庆石灰土分为黄色石灰岩土和黑色石灰岩土两个亚类。后者分布区植被较好，腐殖质层较厚，土色暗黑，土壤有机质含量高。存在的主要问题是基岩多裂隙溶洞，地表水和土壤水较缺乏，自然界植被破坏后更显干旱，且降雨时易发生水土流失，使土体崩解导致洪灾。利用上应以林木为主、保护为主，使自然界植被恢复演替。

（二）石漠化

石漠化即石质荒漠化，是指在我国南方湿润地区碳酸盐发育的岩溶脆弱生态环境下，由于人为干扰造成植被持续退化乃至丧失，导致水土资源流失，土地生产力下降，基岩大面积裸露于地表而呈现类似荒漠景观的土地退化过程。石漠化不但直接导致了水土流失、可耕地减少、旱涝灾害、水资源短缺和生态系统退化等自然灾害，而且还带来石漠化地区的经济文化落后、居民生活贫困等一系列社会问题。黔江区岩溶地貌发育，碳酸盐岩出露面积占土地总面积的97.86%。石漠化面积占全区总面积的29.39%，其中轻度、中度、强度石漠化面积分别占1.75%、18.05%、10.59%。

黔江石漠化的形成有其特定的地质、地貌、植被、气候等自然条件，同时又深受当地的社会经济和人为活动的影响。

第一，地质地貌条件。黔江地处四川盆地盆周山地区域，地质构造复杂，属新华夏构造体系。区内地质古老且出露的地层较为完整，除石炭系外，自寒武纪到第四纪均有发育。区域内岩性以石灰岩的出露最为常见，其中二叠系起伏于中老留统或上泥盆统之上，厚1 000m左右，三叠系连续沉积于二叠系之上，厚1 300m。由于碳酸盐系的抗风蚀能力强，成土过程缓慢，所以广泛分布的质地纯、厚度大的石灰岩是形成石漠化的物质基础。同时，由于该区境内地势较为复杂，海拔高度大多在500~1 000m，相对高度差较大，不利于水土资源的保持，所以为石漠化的形成提供了基本条件。

第二，气候条件。该区属中亚热带季风气候，气候有随海拔高度变化的立体规律，是典型的山地气候。年均温15.4℃，极端最高气温38.6℃，极端最低气温5.8℃。年均降雨389~1 200mm，年均日照时数1 166.6小时，其中夏季集中了全年43.0%的降雨和日照。同时，该地区的灾害气候非常频繁，主要有干旱、暴雨、大风、冰雹以及春季低温和绵雨等。而春季低温发生率几乎为100%，有时一年当中有两个低温阴雨阶段。由于水热分配不匹配，再加上灾害气候频繁，极不利于植物生长，且植被破坏后难恢复，因此容易产生石漠化。

第三，植被条件。植被在自然界中对防止土壤侵蚀、水土流失起着十分关键的作用。该区植被具有喜钙、旱生、石生性特点，生长缓慢，绝对生长量低，适应树种少，群落结构简单，群落的自调控力弱。当受到外界因素尤其是人为活动因素的干扰时，极易导致生态环境演变至恶化。

第四，人类不合理的活动是石漠化形成和发展的主要影响因素。黔江地区是重庆唯一的少数民族居住区，其中以土家族、苗族为主的少数民族人口占72.8%。由于受地域文化影响，农业生产方式相对粗放，加之社会经济水平相对落后、人口超载严重，黔江区农、林和畜牧业等相互争夺品质和区位好的农业用地，造成大量宜农用地被非法占用和浪费。同时为扩大耕地面积重新开垦不适宜种植的土地，以至于陡坡开荒等各种不合理的耕作方式随处可见。此外，采石、挖矿、修路、伐木取薪、乱采地下水及各项建筑用地等滥采乱挖造成植被和土壤破坏，也没有及时采取水土保持措施。不合理的土地利用一方面直接或间接地破坏植被，导致土地不断退化，水土流失加剧，石漠化加剧；另一方面，水土环境的破坏导致生态恶性循环，不利于石山、半石山的生态恢复。

五、仙女山森林公园

（一）环境概况

仙女山位于武隆县北部，东南西与该县双河、核桃、接龙等乡相连，北邻丰都林场，面积23.397hm^2，南北长8km，东西宽5km，是大娄山脉和川东平行岭谷的过渡地带。山体由近于水平的石灰岩组成，属于负地形向斜中山，公园区相对高度100m左右，起伏平缓，周边坡陡，多悬岩峭壁。最高海拔在山体西部的磨嘈湾（2 033m），最低海拔为1 500m。地形属于山原地貌，大部分面积处于海拔1 700～1 800m之间。区内漏斗、落水洞、天坑甚多，保水困难。山头、斜坡多为人工针叶林和次生灌木林，槽谷、平地多为亚热带中山草甸。该地区气候属中亚热带湿润季风山地气候。公园无气象站，参考武隆气象站（海拔409.8m）21年和金佛山气象站（海拔1 905.9m）25年平均气温，按一般规律推算，公园年平均气温约为8.9℃，1月平均气温约为－1.7℃，7月平均气温约为18.5℃，累年年较差约为20.2℃，极端最高气温29.7℃，极端最低气温－13.8℃，平均相对湿度88%，年均降水1 340mm，无霜期平均225天，≥10℃积温2 492℃，≥5℃积温3 192℃。

（二）植被

仙女山国家森林公园地区属于亚热带山地垂直气候。根据上述主要气候指标，该地区以暖温带气候为主，并具有山地暖温带和北亚热带的过渡气候带特征。按中国植被区划，仙女山属于亚热带常绿阔叶林区域，山下的基带植被（地带性植被或顶极群落）是常绿阔叶林，山上的原生植被应是常绿、落叶阔叶混交林或落叶阔叶林。但由于仙女山属山原地貌，地形起伏不大，坡度较缓，森林反复采伐，原生植被已不复存在，由人工针叶林和亚高山草甸取代，植物区系也发生了根本的变化。物种多样性锐减，特别是阔叶林原貌、树种已荡然无存，壳斗科、桦木科、槭树科、椴树科、唇形科等许多种已不存在。建群种或优势种变化，必然引起群落物种相应的变化。仙女山与白马山相比，植物种大约要少300～400种，群落类型（群系）少一半，相应景观比较简单，生态系统功能大大削弱。植物种类、植被类型减少，许多动物也随之消失，生物多样性比较简单。由于人工营造的杉木林、柳杉林连片分布、保护良好，森林景观突出，规模较大，具有旅游游览价值。山间盆地、林间草甸有大有小，串珠状连接，各有特色，加之大金发藓的点缀，更具观赏价值。目前草甸退化比较严重。由于适口性好的牲畜大量觅食和严重践踏，使牧草因生长量难以弥补消耗量而退化，有毒、有味、有刺植物迅速扩大种群数量，占领牧草生态位，成为恶性杂草或多刺灌丛，如以巴天酸模（牛耳大黄）、香青、水蓼、蔷薇、悬钩子等为优势种的群落。这些群落物种单一，影响生物多样性，利用价值低，生态功能差，属退化生态系统。退化生态系统的恢复难度较大。

（三）山地草甸土

仙女山森林公园的土壤除了地带性土壤——山地黄棕壤和山地黄壤以外，在草甸植被下发育山地草甸土。山地草甸土比较湿润，局部洼地在雨季尚有积水现象。喜湿性草甸植物生长繁茂，一般高度在1m左右，根系密集，占表土土体的50%以上。败根残叶在低温多水条件下分解缓慢，在土壤发育中呈现有机质积累比较强烈的特点。另外，受季节性降水影响，土壤周期性干湿交替变化，土体中不断进行着还原淋溶和氧化淀积过程。在剖面中部形成红色锈纹，而在剖面深处形成灰白色潜育层。土体中化学风化和淋溶作用较弱，二氧化硅受到淋溶，而钾、钙、锰和磷的氧化物等均有不同程度富集。

六、阿蓬江湿地公园

湿地指或天然或人工、长久或暂时性的沼泽地、湿原、泥炭地或水域地带，带有或静止或流动、或为淡水、半咸水或咸水水体，包括低潮时水深不超过6m的水域。湿地是地球上具有多种独特功能的生态系统，它不仅为人类提供大量食物、原料和水资源，而且在维持生态平衡、保持生物多样性和珍稀物种资源以及涵养水源、蓄洪防旱、降解污染、调节气候、补充地下水、控制土壤侵蚀等方面均起到重要作用。中国于1992年加入《湿地公约》，国家林业局专门成立了"湿地公约履约办公室"，负责推动湿地保护和执行工作。截至2009年11月，列入国际重要湿地名录的湿地已达37处。

湿地公园是指以保护湿地生态系统完整性，维护湿地生态系统服务功能，充分发挥湿地效益，合理利用湿地资源为目的，可供开展湿地保护、恢复、科研监测、宣传教育、休闲旅游等活动的特定区域。湿地公园是我国生态建设和湿地保护体系的重要组成部分，可分为国家湿地公园和省级湿地公园。其中国家湿地公园在重要程度、生态功能和价值方面具有国家或国际重要意义。近年来，按照国务院赋予国家林业局的职能和国务院办公厅《关于加强湿地保护管理的通知》要求，国家林业局和各级地方人民政府积极开展国家湿地公园的建设试点工作。到目前为止，我国已有国家湿地公园100处。

阿蓬江国家湿地公园于2009年正式获国家林业局批准，地处重庆黔江区，发源于湖北利川钟灵山麓，经黔江至酉阳，在龚滩古镇注入乌江，全长249km。公园总面积2 519.3hm²，湿地面积1 541.9hm²，占总面积的61.2%。目前，阿蓬江湿地公园共有湿地维管束植物64科240种，湿地脊椎动物计有44科139种。其中，淡水鱼类15科79种；湿地两栖动物6科9种；湿地爬行动物4科7种；湿地鸟类动物15科33种；湿地哺乳动物4科11种。阿蓬江湿地公园里湿地脊椎动物中不乏珍稀濒危种类，大鲵、水獭、普通𫛭、白尾鹞、苍鹰、红脚隼、红隼、鸳鸯等9种属国家二级重点保护野生动物。阿蓬江国家湿地公园将官渡峡、神龟峡、蒲花河农区、天生三桥、濯水古镇、细沙河温泉等主要景区连成一片，展现了国内罕见的河流型湿地风光，令人心驰神往。

湿地公园建设坚持"生态优先、科学修复、合理利用、持续发展"的原则，逐步建立保护管理与合理利用的保障机制，建立完善科技支撑机制，加强科研监测工作，科学指导园内湿地生态保护和恢复工作，并切实加强领导，高标准建设国家湿地公园。湿地公园划分为生态保护保育区、湿地恢复重建区、湿地功能展示示范区、湿地游憩休闲区、管理服务区和生态缓冲控制区等五个功能区，兼有保护、科普、宣教、旅游观光和休闲等功能。项目建成后，项目区内的野生动植物资源和湿地资源将得到有效保护和恢复重建，生态旅游将得到突破性发展。黔江区将强化阿蓬江国家湿地公园的指导和监管，高标准加强建设，防止轻保护、重开发和旅游过热现象，不断拓宽旅游发展思路，强化旅游资源整合，加大旅游景区宣传营销力度，着力打造旅游精品，努力把黔江打造成渝东南地区的核心旅游区。

第三节 实习内容

一、小南海国家地质公园实习点

1. 了解地震堰塞湖的形成条件及其过程；沿小南海湖边观察，了解其地貌特征及主要的地震遗迹，分析各种地震遗迹产生的原因。

2. 了解小南海水利工程及布局情况，对其灌溉作用和防洪作用进行评价。

3. 结合黔江北部环线旅游线路，思考小南海的旅游特色及其开发潜力。

二、后坝土家民俗生态博物馆实习点

1. 结合区域的自然环境，探讨土家族的民风民俗特点及与环境的关系。

2. 了解后坝土家民俗生态博物馆的空间布局、景点规划、建筑特色。

3. 以民俗文化与外来文化的冲击为主题，对当地居民进行随机访谈，同时了解其对旅游开发模式的态度。

三、天生三桥实习点

1. 观察景区内的岩性、构造、地层，学会使用地址罗盘测量岩层产状。

2. 了解地表主要的喀斯特地貌形态，分析其形成主要因素。

3. 观察景区内水文情况，并分析其与喀斯特地貌的关系。

四、芙蓉洞实习点

1. 观察芙蓉洞喀斯特地貌发育情况。

2. 考察影响芙蓉洞喀斯特地貌发育的主要因素。

3. 分析不同的灰岩所反应的沉积环境有何差异。

4. 分析芙蓉洞喀斯特地貌发育条件及其价值。

五、仙女山森林公园实习点

1. 观察仙女山次生植被和土壤随海拔高度的变化。

2. 在不同植物群落中选择样方，观察植物群落特征。

（1）选择 10m×5m 的长方形样地，样地的长轴平行于等高线。

（2）观察样地周围环境和样地植被形态特征并记入附表 11。

（3）了解仙女山次生植被、土壤的垂直地带性规律并画出垂直地带谱。

3. 观察畜牧业发展与草甸植被恢复。

4. 山地草甸土的观察。

（1）按照长 2m、宽 1m、深 2m 的规格开挖土壤剖面；观察土壤剖面环境条件，并把观察结果记入到土壤剖面环境条件调查记录附录表中（见附表 13）。

（2）对土壤剖面进行观察、分层；进行搓条试验及相关要素的野外快速测定、定名，并把数据记入到土壤剖面形态记录简表中（见附表 15）。

六、阿蓬江湿地公园两河镇细沙河观察点

1. 观察阿蓬江湿地公园的主要湿地资源情况。

2. 观察并记录主要植被类型，认识湿地主要植物种类。

3. 了解湿地水文、植被与动物之间的关系。

4. 随机访问当地居民，了解民众对湿地保护重要性的认识。

第四节　实习拓展

1. 喀斯特发育地区由于地貌类型丰富、特色鲜明，常常成为旅游胜地，但喀斯特地区往往生态系统较为脆弱，过度旅游开发会带来严重的环境问题。根据你对武隆喀斯特地貌的野外观测，你认为目前最需要保护的是哪种喀斯特地貌？原因何在？

2. 分析在文化全球化和旅游开发的冲击下，乡土文化特别是少数民族特有的风情风貌如何才能得以完整地保留并延续？面对周边地区类似的民俗旅游，以黔江为例，谈谈如何提高其民俗旅游的市场竞争力？

参考文献

［1］王建. 现代自然地理学实习教程［M］. 北京：高等教育出版社，2006.

［2］周尚意. 人文地理学野外方法［M］. 北京：高等教育出版社，2010.

［3］赵媛. 南京地区地理综合实习指导纲要［M］. 北京：科学出版社，2010.

［4］曾克峰，刘超，张忠. 江西星子—庐山综合地理实习指导书［M］. 武汉：中国地质大学出版社，2006.

［5］赵温霞. 周口店地质及野外地质工作方法与高新技术应用［M］. 武汉：中国地质大学出版社，2003.

［6］陈升琪. 重庆地理［M］. 重庆：西南师范大学出版社，2003.

［7］邓晓军，谢世友，朱章雄，等. 重庆市黔江区岩溶地区土地石漠化的特征与防治研究［J］. 水土保持通报，2007（6）：207-210.

［8］谢吉容. 仙女山国家森林公园植被类型及其保护［J］. 渝西学院学报，2005，4（3）：19-22.

［9］李天杰，郑应顺，王云. 土壤地理学［M］. 修订版. 北京：高等教育出版社，1983.

［10］阿蓬江被正式批准升级为"国家湿地公园"，人民网重庆视窗，2010.1.8. www.cq.people.com.cn/news/201018/201018142911.htm.

［11］张维宾，李瑞禾，张瑜龙. 重庆奉节天坑地缝自然保护区动植物资源调查［J］. 安徽农业科学，2009，37（3）：1255-1256.

［12］陈伟海，朱学稳，朱德浩，等. 重庆奉节天坑地缝喀斯特地质遗迹及发育演化［J］. 山地学报，2004，22（1）：22-29.

［13］戴亚南. 金佛山自然保护区生物多样性及其保护浅析［J］. 热带地理，2002，22（3）：279-282.

［14］戴亚南. 生物多样性保护与自然保护区关系探讨——以金佛山自然保护区为例［J］. 重庆环境科学，2002，24（4）：11-13.

［15］肖荣寰，吕金福. 地理野外实习指导［M］. 长春：东北师范大学出版社，1988.

［16］刘南威. 自然地理学［M］. 北京：科学出版社，2010.

［17］陈伟海，朱德浩，朱学稳. 重庆市奉节天坑地缝岩溶景观特征及评价［J］. 地理与地理信息科学，2004，20（4）：80-83.

［18］谢世友，袁道先，赵纯勇. 重庆武隆喀斯特地貌及其演化［J］. 西南师范

大学学报：自然科学版，2006，31（6）：134 - 135.

［19］雷泞菲，苏智先，宋会兴，等．缙云山常绿阔叶林不同演替阶段植物生活型谱比较研究［J］．应用生态学报，2002，13（3）：267 - 270.

［20］石胜友，尚进，田海燕，等．缙云山风灾迹地常绿阔叶林生态恢复过程中优势种群分布格局和动态［J］．武汉植物学研究，2003，21（4）：321 - 326.

［21］重庆师范大学自然地理教研室．自然地理野外实习指导书［M］．重庆：重庆大学出版社，2006.

［22］吕宜平，代合治．地理野外实习的教学模式与评价探讨［J］．高等理科教育，2006（2）：79 - 82.

［23］潘玉君，吴友德，明庆忠．地理野外研究性实习的初步探讨［J］．中国大学教育，2005（2）：51 - 52.

［24］张争胜，张加恭，廖伟群．区域地理野外实习绩效评价研究［J］．贵州师范大学学报，2009（1）：116 - 118.

［25］范中桥，赵洪军．人文教育专业地理野外实习几个问题探讨［J］．高等理科教育，109 - 111.

［26］辛宏伟．重庆南温泉主题公园湿地植物的选择与配置研究［J］．重庆工商大学学报：自然科学版，2009（1）：65 - 69.

［27］王纪武．重庆地域传统人居形态及文化研究［J］．规划师，2007（5）：67 - 70.

［28］乜堪雄．重庆经济区划份及分区发展问题研究［J］．地域研究与开发，2005（6）：34 - 38.

［29］曹诗图．三峡地区的地质地貌特征及其经济评价［J］．水电科技进展，1998（1）：6 - 8.

［30］杨平恒，章程，高彦芳，等．垂直地带性岩溶生态环境特征初探——以金佛山国家自然保护区为例［J］．地质与资源，2007（2）：125 - 129.

［31］黄红丽，谢江．生态城市公共空间景观营造实践［J］．艺术与设计，2011（7）：90 - 92.

［32］李路平，关午军．浅析城市开敞空间规划中景观生态学的应用［J］．重庆建筑，2006（1）：39 - 44.

［33］刘玉堂．三峡文化的主要内涵［J］．三峡大学学报，2005（5）：5 - 10.

［34］赵时华，周璐，杨晓红．三峡地区传统聚落形态和古民居建筑［J］．人民长江，2007（12）：93 - 95.

［35］绕开永．长江三峡地质遗迹类型及成因的构造初步分析［J］．科技创业，2010（1）：136 - 137.

［36］夏凯生，袁道先，谢世友，等．乌江下游岩溶地貌形态特征初探——以重庆武隆及其邻近地区为例［J］．中国岩溶，2010（2）：196 - 204.

［37］刘严松，何政伟，等．重庆綦江地质公园地质遗迹特征及其地质意义［J］.

中国地质灾害与防治学报，2010（2）：118-123.

[38] 陈玉福，孙虎，刘彦随. 中国典型农区空心村综合整治模式［J］. 地理学报，2010（6）：727-735.

[39] 漆继红，许模，等. 川东铜锣山背斜——南温泉背斜温泉水力联系分析［J］. 人民长江：2011（6）：5-9.

[40] 市人大农委课题组. 关于水资源保护与开发利用情况的调研报告［C］. 重庆市人大机关2010年度优秀调研论文汇编，2010年.

[41] 汪全胜. 重庆阿蓬江国家湿地公园总体规划构思［J］. 华东森林地理，2009（4）：53-56.

[42] 周淑珍. 气象学与气候学实习［M］. 2版. 北京：高等教育出版社，1984.

附 录

附表 1 野外矿物采集鉴定表

采集时间：	采集地点：	采集人：	编号：
晶体形态			
颜色			
条痕色			
光泽			
透明度			
硬度			
解理			
滴酸反应			
其他物理特征			
共生矿物			
矿物定名			

附表 2 野外岩石采集鉴定表

采集时间：	采集地点：	采集人：	编号：
颜色（风化面、新鲜面）			
构造			
结构			
主要矿物及特征			
次要矿物及特征			
其他特征			
岩石名称			

附表3　气象观测记录表

测点：

观测项目	观测时间	8点			14点			20点			总计	日平均
天气现象												
		读数	器差	订正后	读数	器差	订正后	读数	器差	订正后		
气温	干球温度											
	湿球温度											
	最高温度											
	最低温度											
地温	0											
	最低											
	最高											
	5											
	10											
	备注	可记录特殊的天气变化，不了解的天气现象，仪器失灵的情况等。										
风	风向											
	风速											
备注		可记录特殊的天气变化，不了解的天气现象，仪器失灵的情况等。										

观测员＿＿＿＿＿＿

附表 4　植物群落环境条件调查记录表

调查者：	调查日期：
样地编号：	样地面积：
地理位置：　　　市　　　县　　　村	
经度：　　　纬度：　　　海拔：	
群落类型：	地形：
土壤、岩石：	
周围情况：	
人类及动物的影响：	
经济特点及利用情况：	

附表 5　乔木植物调查记录表

调查者：　　　调查日期：　　　样地号：　　　样地面积：

群落类型：　　　总郁闭度：　　　各层郁闭度：

名称	林层	胸径		树高		枝下高	优势木年龄	标准地上植株	林况
		最大径	优势径	最大树高	优势树高				

附表6　灌木植物调查记录表

调查者：　　　　　　　调查日期：　　　　　　　样地号：

样地面积：　　　　　　群落类型：　　　　　　　总盖度：

植物名称	层次	多度	高度	生长特性	生活力	物候期	备注

附表7　草本植物调查记录表

调查者：　　　　　　　调查日期：　　　　　　　样地号：

样地面积：　　　　　　群落类型：　　　　　　　总盖度：

植物名称	层次	高度		多度	生活力	物候期	生长特性	备注
		生殖枝	叶层					

附表 8 藤本植物调查记录表

调查者：　　　　　　　　调查日期：　　　　　　　　样地号：

样地面积：　　　　　　　群落类型：　　　　　　　　总盖度：

植物名称	多度	高度	生活力	物候期	备注

附表 9 附生植物调查记录表

调查者：　　　　　　　　调查日期：　　　　　　　　样地号：

样地面积：　　　　　　　群落类型：　　　　　　　　总盖度：

植物名称	多度	被附生的树种	分布情况	生活力	备注

附表 10　水文断面测量记录表

断面名称_____施测时间_____水尺零点高程_____　　　　　　　　　　单位：m

垂线号	间距	起点距	实测水深	水位	涨落改正数	计算水深	河底高程

附表 11　流速仪测流记录表

断面名称_____

垂线号	起点距	水深（m）	流速仪位置(m)		历时（s）	转数（r）	测点流速	垂直平均流速
			相对	测点深			(m/s)	

附表 12　泉水调查记录表

泉　名			标　高			坐　标		
含水层的时代			含水层岩性及产状					
含水层顶板岩性及时代			含水层底板岩性及时代			泉的类型		
泉的产出状态						附近地形		
泉水的物理性质	水温	色	气味	口味	透明度	天气		
						气温		
泉水流量	测定方法					动态变化		
	涌水量							
泉水用途			沉淀物及气体成分			水样编号		
平面及剖面图：								
备　注								

附表 13　土壤剖面环境条件调查记录表

地点		编号		名称		调查人、时间		
地貌类型与部位	海拔		成土母质	母岩	自然植被	农业利用方式	排水状况	侵蚀情况

附表 14 土壤剖面环境条件调查记录附录表示例

母质	母岩	自然植被	农业利用方式	排水状况	侵蚀强度
1. 残积物 2. 坡积物 3. 洪积物 4. 冲积物 5. 湖积物	1. 砾 岩 2. 砂 岩 3. 粉砂岩 4. 泥 岩 5. 页 岩 6. 石灰岩 7. 泥灰岩 8. 白云岩	1. 无植被 2. 亚热带常绿阔叶林 3. 亚热带山地常绿与落叶阔叶混交林 4. 亚热带落叶阔叶林 5. 暖性针叶林 6. 温性针叶林 7. 温性针阔混交林 8. 暖性竹林 9. 温性竹林 10. 灌丛 11. 草丛	1. 农业 2. 林业 3. 牧业	1. 通畅 2. 稍阻 3. 受阻 4. 不良	轻度 中度 强度 剧烈

附表 15 土壤剖面形态记录简表

土壤剖面图	层次代号	深度(cm)	颜色	干湿度	质地	结构	松紧度	孔隙大小	新生体类别	新生体形态	新生体数量	侵入体	根系种类	根系多度	PH	石灰反应	其他

附表16 土壤剖面形态记录附录表

干湿度	质地	结构	松紧度	孔隙（mm）	类别	形态	数量（面积%）	侵入体	根系	PH	石灰反应
1. 干 2. 稍润 3. 润 4. 潮 5. 湿	1. 砂砾土 2. 砂土 3. 砂壤土 4. 轻壤土 5. 中壤土 6. 重壤土 7. 黏土	1. 单粒状 2. 团粒状 3. 块状 4. 柱状 5. 片状 6. 大块状	1. 极紧实 2. 紧实 3. 稍紧实 4. 疏松	1. 小<1 2. 中1~5 3. 大>5	1. 碳酸钙 2. 石膏 3. 氧化硅 4. 可溶盐 5. 黏粒 6. 铁锰 7. 腐殖质	1. 腐蚀状 2. 盐霜状 3. 斑点 4. 斑块 5. 条纹 6. 管状 7. 胶膜 8. 晶状 9. 粒状 10. 结核 11. 菌丝	1. 极少1~3 2. 很少3~5 3. 少5~10 4. 中10~20 5. 多20~50 6. 很多50~75 7. 全>75	1. 砖瓦 2. 陶瓷 3. 木炭 4. 垃圾 5. 贝壳	1. 禾本科 2. 其他草 3. 灌木 4. 乔目 5. 霉根	细根 1. 少<1 2. 中1~4 3. 多>4 中粗根 4. 少1~2 5. 中2~5 6. 多>5	1. 无－ 2. 弱+ 3. 中++ 4. 强+++ 5. 极强+++

附表17 垂直地带性实习记录表

坡向或部位	海拔高度（m）	温度（℃）	湿度	风向	风速（m.s⁻¹）	植被带	土壤带	采样记录	测量时间

附表18 地质年代表

宙(宇)	代(系)	纪(系)	世(统)	同位素年龄(百万年)	构造运动 发生年代	阶段	植物	动物	生物空前繁盛的时代	
显 生 宙	新生代 K_z	第四纪 Q	全新世 Q_4	-01-					被子植物	哺乳动物
		第四纪 Q	更新世 Q_1、Q_2、Q_3	-2-3-						
		晚第三纪 N （第三世 R）	上新世 N_2	10	喜山运动（II）	喜山阶段		人类出现		
			中新世 N_1	25						
		早第三纪 E	渐新世 E_3	40						
			始新世 E_2	60	喜山运动（I）					
			古新世 E_1	70				哺乳动物		
	中生代 M_z	白垩纪 K	晚白垩世 K_2 / 早白垩世 K_1	140	晚期运动 运动 中期燕山运动	燕山阶段	被子植物		裸子植物	爬行动物
		侏罗纪 J	晚侏罗世 J_3 / 中侏罗世 J_2 / 早侏罗世 J_1	195	早期燕山运动 印支运动			爬行动物		
		三叠纪 T	晚三叠世 T_3 / 中三叠世 T_2 / 早三叠世 T_1	230		印支阶段	裸子植物			
生 宙	古生代 Pz（晚古生代 PZ_2）	二叠纪 P	晚二叠世 P_2 / 早二叠世 P_1	280	海西运动	印支 海西阶段			蕨类	两栖动物
		石炭纪 C	晚石炭世 C_3 / 中石炭世 C_2 / 早石炭世 C_1	350						
		泥盆纪 D	晚泥盆世 D_3 / 中泥盆世 D_2 / 早泥盆世 D_1	400	加里东运动				裸蕨	鱼类
	古生代 Pz（早古生代 PZ_1）	志留纪 S	晚志留世 S_3 / 中志留世 S_2 / 早志留世 S_1	440			陆生裸蕨	鱼类		笔石
		奥陶纪 O	晚奥陶世 O_3 / 中奥陶世 O_2 / 早奥陶世 O_1	500		加里东阶段			藻类	
		寒武纪 π	晚寒武世 π_3 / 中寒武世 π_2 / 早寒武世 π_1	600						三叶虫
隐 生 宙	元古代 P_t	震旦纪 Z		800	晋宁运动		高级藻类	小壳动物		
				1 800	吕梁运动			裸露动物		
	太古代 A_r			2 500	阜平运动			多细胞动物		
	前太古代 A_nA_r			3 800				生物现象		

图书在版编目(CIP)数据

重庆地区综合地理野外实习教程/周心琴,李雪花,莫申国编著.一成
都:西南财经大学出版社,2012.6
ISBN 978 - 7 - 5504 - 0638 - 4

Ⅰ.①重…   Ⅱ.①周…②李…③莫…   Ⅲ.①区域地理—教育实习
—重庆市—教学参考资料   Ⅳ.①P942.719 - 45

中国版本图书馆 CIP 数据核字(2012)第 096271 号

重庆地区综合地理野外实习教程

周心琴   李雪花   莫申国   编著

责任编辑:李特军

助理编辑:林 伶

封面设计:杨红鹰

责任印制:封俊川

出版发行	西南财经大学出版社(四川省成都市光华村街55号)
网 址	http://www.bookcj.com
电子邮件	bookcj@foxmail.com
邮政编码	610074
电 话	028 - 87353785 87352368
照 排	四川胜翔数码印务设计有限公司
印 刷	郫县犀浦印刷厂
成品尺寸	185mm×260mm
印 张	10
字 数	225 千字
版 次	2012 年 6 月第 1 版
印 次	2012 年 6 月第 1 次印刷
印 数	1— 2000 册
书 号	ISBN 978 - 7 - 5504 - 0638 - 4
定 价	22.00 元

图书在版编目（CIP）数据

重庆地区综合地理服务实习教程 / 林琳等编著. —成都：西南财经大学出版社，2012.6
ISBN 978 - 7 - 5504 - 0638 - 4

Ⅰ. ①重… Ⅱ. ①林… Ⅲ. ①区域地理 - 重庆市 - 教学参考资料 Ⅳ. ①P942.719 - 45

中国版本图书馆 CIP 数据核字（2012）第 096271 号

重庆地区综合地理服务实习教程
林琳 李亚宁 李丹丹 编著

责任编辑：李海波	
助理编辑：宋柯	
封面设计：杨红鹰	
责任印制：封俊川	
出版发行	西南财经大学出版社（四川省成都市光华村街55号）
网 址	http://www.bookcf.com
电子邮件	bookcf@foxmail.com
邮政编码	610074
电 话	028-87353785 87352368
照 排	四川胜翔数码印务设计有限公司
印 刷	电子科技大学印刷厂
成品尺寸	185mm×260mm
印 张	10
字 数	235千字
版 次	2012 年 6 月第 1 版
印 次	2012 年 6 月第 1 次印刷
印 数	1 - 1000 册
书 号	ISBN 978 - 7 - 5504 - 0638 - 4
定 价	22.00 元

1. 版权所有，翻印必究。
2. 如有印刷、装订等差错，可向本社营销部调换。
3. 本书封底无本社数码防伪标志，不得销售。

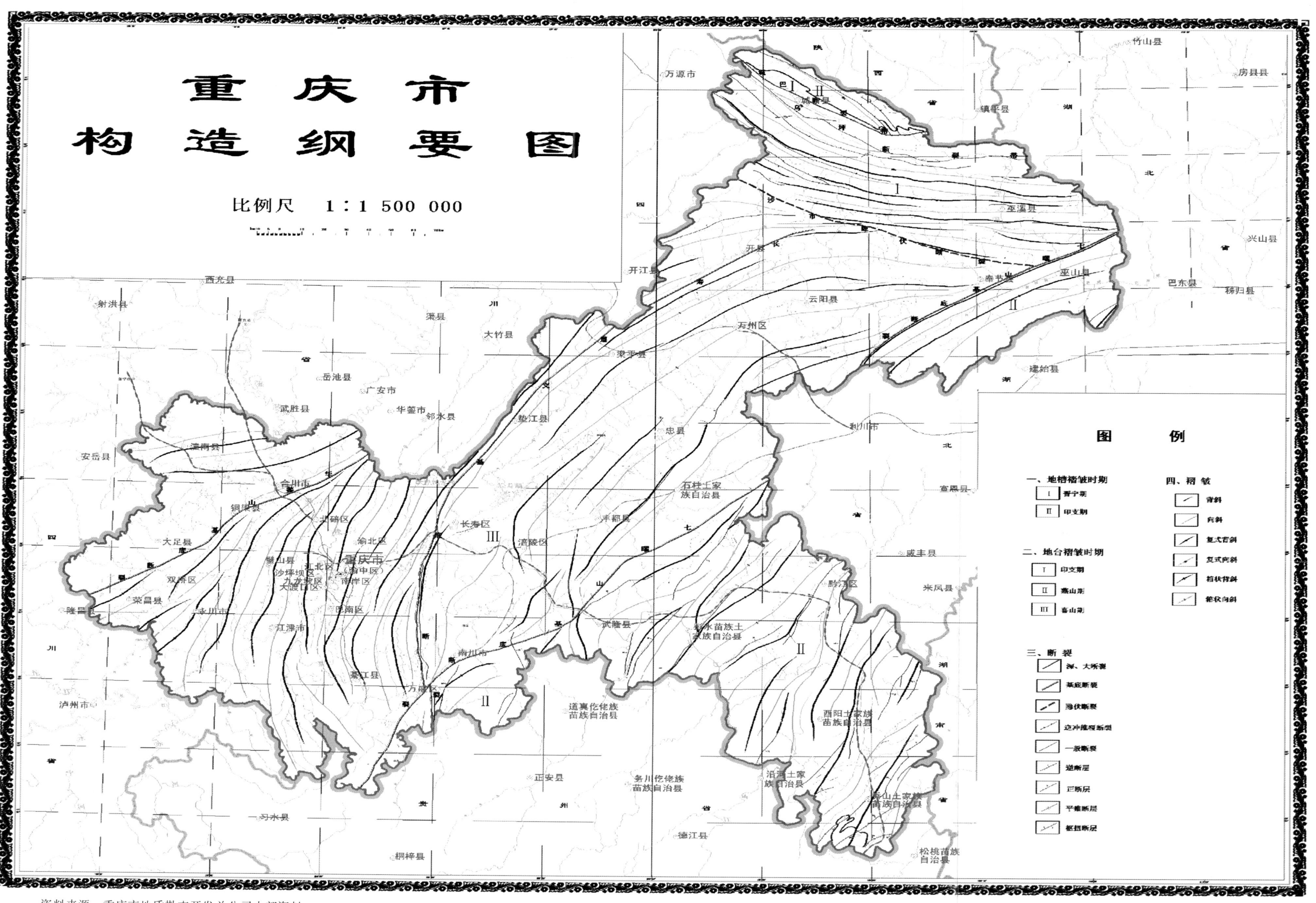

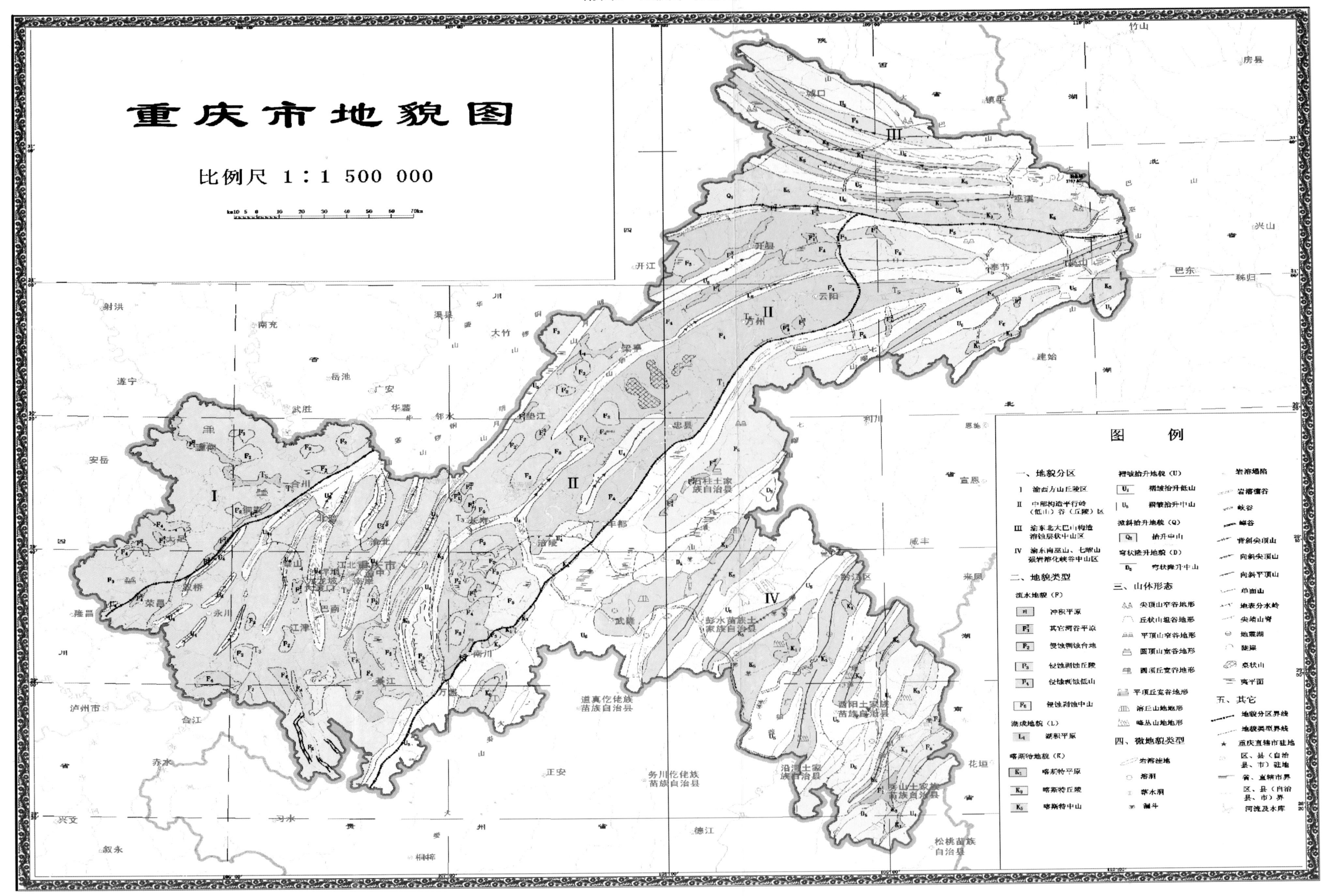

重庆市地貌图

比例尺 1：1 500 000

资料来源：《重庆地理》。